打造孩子的生無病計畫

胡文龍醫師陪你
面對孩子的疑難病症，
輕鬆健康重建好體質!!

胡文龍——著
澄清醫院中港院區小兒神經科主任暨小兒科…醫師
科博特診所主治醫師

推薦序　兒童的治療照護、營養調理、衛教養生，一次滿足　張開屏　13
推薦序　融入營養功能醫學的育兒平安手冊　劉博仁　15
推薦序　共同參與，一起為孩童健康成長把關　謝良博　17
作者序　一本家庭必備兒童醫學工具書　19
給家長們使用本書的建議　23

Ch 1

總論：增加免疫力，終結孩子常吃藥、看醫生的夢魘

●病情分析：免疫力隨著長大就會慢慢增加　25
兒童醫學小教室　絕非危言聳聽！新冠病毒只是個開端　26
●病情診斷：健康好生活是強化抵抗力的不二法門　27
●整體療法：提升免疫力出招，關鍵是身體力行　28
①吸菸和二手菸是健康大敵，免疫系統也受害
②增強抗體，天天五蔬果是最基本的
③養成經常規律的運動，同時激發孩子生長激素分泌

④維持適當體重，太瘦、過重或太胖皆有礙健康
⑤小孩絕對避免喝酒，成人飲酒也要適度
⑥睡眠與身體免疫力彼此交互影響，一定要充足
⑦孩子當然也會有心理壓力，身心紓壓很重要
⑧時常大笑是紓解壓力的好方法
⑨多喝水，能幫助血液運送氧氣、代謝體內毒素
⑩多吃菇類，證實可提升免疫功能
⑪燉雞湯喝，可強化免疫力、減緩感冒症狀
⑫減少糖分攝取，避免疾病上身
⑬攝取高維生素D食物，並且一天至少曬十五分鐘太陽
⑭靜坐冥想，確實可以影響細胞免疫、發炎指數、老化
●兒童營養功能醫學：正確補充營養素，讓免疫力更提升 37
●效果見證：戒糖、多吃蔬果、多曬太陽，補充營養素，感冒不再如影隨形 43

Ch 2

過敏性鼻炎：勿輕忽！鼻過敏容易過動、學習力減退

● 病情分析：全台每三人就有一人鼻過敏 47

兒童醫學小教室 知己知彼，認識過敏性鼻炎分類 49

● 病情診斷一：觀察重點！黑眼圈、長期用嘴呼吸、牙齒排列不正等 50

● 病情診斷二：專業鑑別診斷，揪出過敏性鼻炎的真正原因 51

● 整體療法：調整生活型態與藥物治療一樣重要 52

①避免過敏原是生活首要注意事項 ②依輕中重度採取適宜的的藥物治療

● 兒童營養功能醫學：過敏性鼻炎的不開藥處方箋 56

● 效果見證：杜絕塵蟎、少吃蝦蟹等，過敏症狀大幅降低，藥物可以減少使用 59

Ch 3

過敏性蕁麻疹：每天看著孩子紅癢難耐，全家人都心痛

● 病情分析：這裡消那裡又跑出來，全身皮膚到處現蹤 65

兒童醫學小教室 慢性過敏性蕁麻疹比急性患者更不易找到原因 66

過敏性蕁麻疹的常見可能原因 67
●整體療法：藥物治療之外，食衣住等都要放大檢視 68
①特定食物、環境、污染源及過敏原等都要避免
②治療以抗組織胺藥物為主
●兒童營養功能醫學：過敏性蕁麻疹的不開藥處方箋 70
●效果見證：嚴格忌口高組織胺食物，室內保持空氣清新，避免過熱流汗 71

Ch 4
性早熟：贏在起跑點不全然是好的

●病情分析一：青春期生理學 75
●病情分析二：性早熟是有醫學判定標準的 78
①中樞型性早熟 ②週邊型性早熟 ③良性青春期變異
●病情診斷：謹慎停看聽，找出性早熟真正原因 81
兒童醫學小教室 性早熟併發症 84

● 整體療法：醫療介入與生活改造，成功延緩性早熟 84
①睡眠要充足 ②運動 ③適度曬太陽
④避免含咖啡因飲 ⑤減少代糖及糖分攝取 ⑥避免肥胖
⑦少吃垃圾食物 ⑧謹慎使用轉骨方 ⑨避免塑化劑
⑩避免潛在雌激素曝露 ⑪避免情色視覺刺激
● 兒童營養功能醫學：性早熟的不開藥處方箋 91
● 效果見證：嚴控手機、戒糖、運動等生活習慣大改造，補充鈣、魚油等營養素 92

Ch 5

氣喘：看小孩呼吸急促又胸悶讓大人心驚驚

● 病情分析一：八成氣喘兒在五歲前就開始出現症狀 97
兒童醫學小教室 什麼是喘鳴聲？ 98
● 病情分析二：認識多種誘發氣喘的因素 98
● 病情診斷一：病史、身體檢查及肺功能等為確診依據 101

①以肺部功能檢測為主　②其他輔助檢測
兒童醫學小教室　小於五歲氣喘兒的鑑別診斷　103
●病情診斷二：區分氣喘的嚴重程度是治療的重要指標　104
●整體療法：要成功治療氣喘，必須面面俱到　107
①例行監測氣喘症狀及肺功能
②積極配合醫院衛教，有助達到最大療效
③辨認且避免誘發氣喘的環境因素及刺激原是成功關鍵
④居家環境清潔、身心壓力及特殊藥物使用等都要留意
⑤藥物治療的目的是讓氣喘症狀能獲得控制
●兒童營養功能醫學：氣喘的不開藥處方箋　112
●效果見證：避開狗毛、塵蟎、二手菸等居家過敏原，加強個人衛生習慣　117

Ch 6

妥瑞氏症：常遭異樣眼光的妥瑞兒需更多同理心

●病情分析：主要特徵為短暫反覆的特定間歇性動作或聲音 123

兒童醫學小教室 妥瑞氏症的常見共病有哪些？ 125

●病情診斷：神經檢查皆為正常，需要專業醫師鑑別診斷 126

●整體療法：藥物和行為治療很重要，作息正常也發揮大作用 127

①藥物與教育行為治療並進 ②養成充足睡眠與規律生活的好習慣

●兒童營養功能醫學：妥瑞氏症的不開藥處方箋 128

●效果見證：藥物成功減量，抽動和怪聲都變得幾乎沒有了，孩子病況大大好轉 129

Ch 7

多發性硬化症：無法治癒的多發性硬化症仍需樂觀治療

●病情分析一：可以治療但卻無法完全治癒的免疫性疾病 135

●病情分析二：多變的症狀令人難以捉摸 137

兒童醫學小教室 認識多發性硬化症的四大類型 138

● 病情診斷：多種醫學檢查以免遺漏任何非典型患者 140
● 整體療法：藥物治療並輔以另類療法，協助改善生活品質 141
①正規治療以改善病程為最大目標 ②另類治療對慢性症狀有幫助
● 兒童營養功能醫學：多發性硬化症的不用藥處方箋 143
● 效果見證：藥物及復健治療不可中斷，運動、多喝水、多吃蔬果、補充營養素 148

Ch 8

大腸激躁症：檢查腸胃都正常，但卻常腹痛和便祕

● 病情分析：慢性腹痛和排便習慣改變是大腸激躁症主要症狀 151
● 病情診斷：反覆腹痛合併排便頻率或硬度改變 152
● 整體療法：日常生活型態改變為主，藥物作為輔助 154
①藥物多採取症狀治療 ②需要長期生活及飲食型態調整
● 兒童營養功能醫學：大腸激躁症的不開藥處方箋 157
● 效果見證：多喝水、多吃蔬果、勤運動，加上紓壓及營養素調理才會減輕症狀 159

Ch 9

胃食道逆流疾病：小孩壓力大時一樣會感到火燒心

● 病情分析：火燒心不是大人的專利，請留意嬰幼兒的不舒服 163
● 病情診斷：研判嬰幼兒胃食道逆流疾病較棘手 164
兒童醫學小教室 什麼是非典型胃食道逆流疾病？ 165
● 整體療法：藥物治療救急，改變不良生活習慣更重要 166
①多採取制酸劑藥物治療 ②睡覺時床頭抬高、睡前三小時不吃東西
③嬰幼兒胃食道逆流疾病的治療
● 兒童營養功能醫學：胃食道逆流疾病的不開藥處方箋 168
● 效果見證：火燒心嚴重到食道發炎，建議睡前三小時不吃東西、改變睡姿等 171

Ch 10

口臭：小孩如果有口臭，最好要小題大作！

● 病情分析：口臭原因可能是生活壞習慣或疾病警訊 175
①生理性口臭 ②病理性口臭

兒童醫學小教室　口臭自我測試　178
●整體療法：找出口臭的原因，口腔保健、飲食控制不可少　179
①嬰幼兒的手指，以及奶嘴、玩具要常清洗
②多喝水可以增加唾液分泌量
③孩子絕對杜絕菸酒，大人最好也少菸酒及咖啡
⑦好好清潔口腔，牙齦、舌苔、假牙、矯正器等不可少
⑤睡前用漱口水漱口，尤其在刷牙一小時後最好
⑥定期洗牙去除牙結石，牙齒健康且不容易有口臭
⑦多吃新鮮蔬果，有助唾液分泌且能清除牙縫殘渣
⑧咀嚼無糖口香糖，刺激口水分泌、減少無氧菌
⑨壓力和口臭息息相關，要常紓壓放鬆
●兒童營養功能醫學：口臭的不開藥處方箋　182
●效果見證一：寶寶亂咬不會清潔口腔，父母就要勤勞學技巧，配合益生菌助攻　185
●效果見證二：蛀牙與鼻涕倒流，兩者同時治療，加上益生菌漱口　186

Ch 11

偏頭痛：非大人專利，受苦兒童也不算少

●病情分析：偏頭痛源於多重基因及環境因素交互影響　189

●病情診斷：偏頭痛的典型症狀表現　190

兒童醫學小教室　認識國際頭痛疾病分類　191

●整體療法：藥物治療以救急，配合改變生活作息減少誘發因子　193

①用藥目的在於提升生活品質　②留意生活細節以避免誘發頭痛

●兒童營養功能醫學：偏頭痛的不開藥處方箋　195

●效果見證：功課壓力是造成偏頭痛的導火線，運動紓壓加上補充缺乏營養素　197

附錄一　富含特定營養素的食物　200

附錄二　兒童每日膳食營養素建議　207

附錄三　參考文獻　214

推薦序

兒童的治療照護、營養調理、衛教養生，一次滿足

人之所以會生病，有些是外來的因素造成的，有些則是己身的因素所導致。譬如二〇二〇年爆發的新冠疫情，它是一種新型的冠狀病毒所引起的，因為大家對這種病毒都沒有抵抗力，所以感染了許多人，而這新型冠狀病毒就是導致我們生病的外來因素。

不過，感染上新冠病毒，有些人症狀輕微，不藥而癒；有些人出現重症，需要用到呼吸器，甚至葉克膜；有些人經歷重症而存活下來，有些人則度不過難關而離開人世。同樣的新冠病毒感染，侵犯到不同的人身上，卻會產生差異極大的病情變化，這就牽涉到每個人的身體內免疫功能的反應，而這免疫反應就是個人的因素，也就是每一個人的體質。

所以，要讓孩子們健康順利的成長，其實很簡單。孩子的父母或照顧者，只要知道如何讓孩子避免外來因素的侵犯和干擾（預防），如何保養和調養來改善孩子的體質（保健），那麼照顧孩子成長的過程中，一定非常的輕鬆快樂。胡文龍醫師的最新作品《兒科好醫師2打造孩子的一生無病計畫》，正是可以滿足孩子的照顧者需求的一本書。

我與胡醫師熟識，他非常有創意與想法。之前，當我們在醫療上還是拘泥在治療疾病本身時，他就想到除了藥物治療之外，是不是有其他的方式能協助病童。如今，胡醫師把他的想法付諸實現：在照顧生病的孩子時，除了用上適合的藥物之外，還要改善孩子的體質。胡醫師除了將全人照顧的概念應用於照顧病童，更從事於大眾的衛教工作，把改善體質與增進免疫力的營養調適，付諸於文字，成就了這本好書。

說它是好書，是好在哪裡？在知識與資訊爆發的時代，我們每天所收到的訊息是真？是假？除非這些訊息是你所熟知的專業領域，否則一般人難以分辨真偽。在生活作息與日常飲食上，該如何來改善孩子的體質？胡醫師的專業背景提供給我們的訊息，都是有證據且具體可行的，所以確實是一本好書。書中所提供的養生之道（不開藥處方箋），不是只針對生病的人，其實對我們每個人，包括大人和小孩，都是很適用的。

台北榮民總醫院兒童醫學部兒童神經科特約醫師
為恭紀念醫院兒童醫學部顧問醫師

推薦序

融入營養功能醫學的育兒平安手冊

胡文龍醫師繼第一本著作之後，再接再厲完成這有關兒童營養功能醫學的調理書籍，勤奮、好學，熱於分享，這是我熟知的胡醫師。

許多家長在照顧孩子的時候，遇到疾病發生時立刻想到帶寶貝找熟識兒科醫師報到，在檢查以及藥物治療後，經常還是帶著滿滿的疑惑離開診間，「我的寶寶要一直吃藥嗎？」「除了藥物治療外，我們做家長的還能替寶貝做些什麼呢？」「健康食品對寶貝的調養有幫助嗎？」

的確，在短短的門診時間，醫師並無法滿足家長的疑惑，又或是並非所有醫師都擅長於營養功能醫學的調養知識，因此，胡醫師這本著作可以提供家長許多寶貴的醫療知識。

小寶寶氣喘除了吃藥以及吸入類固醇以外，有沒有方法讓他「棄喘」快活呢？面對性早熟兒童越來越多的趨勢，除了注射藥物之外，父母親能為小寶貝做些什麼呢？過敏兒越來越多，除了醫師開的抗組織胺等藥物以外，有何方法可以降低小朋友吃藥的頻率呢？

面對妥瑞兒的怪聲怪動作情形，做父母的除了心疼以外，有何方法可以自然改善妥瑞兒的症狀呢？小孩子容易感冒過敏，是不是有比較科學證據的改善體質方法呢？放心，這一切的問題，焦急的家長都可以在這本書當中找到正確方法及答案，各位讀者，這絕對是您書架上不可或缺的育兒平安書。

台灣基因營養功能醫學會理事長
台中科博特診所院長
劉博仁

推薦序

共同參與，一起為孩童健康成長把關

在少子化的今日社會中，每一個兒童都是父母長輩心中的寶貝，如何讓家中的寶貝們健康平安的長大，是父母心中最衷心的期盼。即使孩子遇到了病痛，父母親也會窮盡一切努力，尋求各種可能的治療方式，來讓家中寶貝早日康復，遠離病痛。

然而，在治療的過程中，相信大多的父母也會期待能共同參與治療的過程，除了清楚地了解疾病的致病原因及治療方式，也希望在日常生活型態或是營養補充的部分能協助孩子，搭配正規現代醫療的營養功能醫學，相信可以符合大多數父母的期待。

胡文龍醫師是我在澄清醫院多年的同事，由於我們都專研於神經醫學，對胡醫師在專業上的傑出表現更為熟知，而多年來對於病童的悉心呵護以及和父母之間良好的互動，不但一直是醫院病患最多的兒科醫師，也多次榮獲《嬰兒與母親》雜誌票選為全國小兒科好醫師。近年來，更積極投入營養功能醫學，充分了解環境、飲食及生活習慣的調整，可以改善甚至改變疾病的型態，展現於治療成果上；再配合其二十多年臨床專業的功力，勢必提供患者更佳的治療成效。

胡醫師在繁忙的醫務工作之餘，還致力於書籍的創作。於二〇二一年四月出版《兒科好醫師最新營養功能醫學》後，在市面上廣受好評，長期名列暢銷書籍排行榜之上，而不到一年的時間，更再接再厲的完成第二本，著實令人欽佩。

胡醫師延續了第一本書的特色，更納入了常見困擾兒童的症狀，如過敏、偏頭痛、腸胃道症狀、性早熟等等，除了一開始用自身的經歷做案例分享，清楚地介紹致病的原因及治療的方法，然後再輔以營養功能醫學概念作為營養素的補充建議，而書中每個營養素補充均列出參考文獻的佐證。書中體系化的寫作方式，讓讀者除了對這些兒科常見的疾病及治療有更清楚的了解之外，也可以透過書中的內容在生活型態調整及營養素補充等整體療法的努力之下，一起為孩子的健康共同努力。

相信這本書應可成為每位家長必備陪伴兒童成長的重要工具書，誠摯的推薦給大家。

澄清醫院中港院區副院長

作者序

一本家庭必備兒童醫學工具書

孩子是大家的寶貝！孩子生病了，最憂心的就是父母親了。為人父母都希望能夠盡一切力量及可能方法，來幫助孩子早日恢復健康。

常見的感冒發燒、腸胃炎等，只要得到適當醫治，通常都會很快痊癒，家庭生活又能步入正常軌道。但是不可否認地，截至目前為止，現代醫療對於許多疾病，有它治療的極限在；以至於許多頑固慢性病的患者，由於治療效果欠佳，而認為健康是基因先天注定的，因此對現代醫療開始產生懷疑及失去信心。

改變基因，是目前科技在很多疾病根本治療上的終極努力方向，不過目前只有極少數疾病開始進行研究與治療；但是，造成有疾病基因的患者族群，引起發病的環境、生活習慣及營養等因素，卻可以設法避免與改善。

醫學界近年來開始了解，可以藉著改變「表觀遺傳學」（epigenetics），也就是在不改變基因的前提之下，通過某些機制引起可遺傳的基因表達或細胞表現型的變化，使得有特定基因的族群減緩症狀或甚至不發病！簡單來說，就是：基因雖難以改變，但是可透過環境、生活習慣及營養因素的改善，而去逆轉基因的表現！

這種藉由改變環境、生活習慣及飲食營養，達到改善表觀遺傳學，使得特定基因族群減緩症狀或甚至不發病，以作為兒科疾病的有力輔助治療，就是本書寫作的主要目的。

這本書延續上一本書的主體，另外提出包含提升免疫力、過敏性鼻炎、蕁麻疹、性早熟、氣喘、妥瑞氏症、多發性硬化症、大腸激躁症、胃食道逆流、口臭及偏頭痛等十一種小孩和成人共有的疾病。

這本書和以往的醫學科普書不同之處共有三點：

第一，和上一本一樣，本書是市面上唯一的兒童專屬營養功能醫學書；內容除了有正規現代醫學治療外，重點在於如何藉由改變環境、生活習慣及飲食營養（也就是所謂的營養功能醫學輔助治療），來幫助孩子改善病情。

其次，目前正統現代醫療講究實證醫學，不是某某專家說了就算；重點是要有醫學參考文獻（paper）佐證！這本書除了正統現代醫療外，關於營養功能醫學的部分，每章都有醫學參考文獻佐證，提供醫療專業或有興趣人士參考。

第三，許多非醫療相關科系的家長，常常心裡想藉著閱讀醫療相關書籍，來幫助孩子的病情。但實際上，看到書上許多艱澀的醫療名詞，就覺得很難讀下去而放棄了。這本書有特別照顧到父母親家長們這方面的需求！

本書定位為一本家庭必備兒童醫學工具書，目標是：任何有需要的家長，都能從本書的內容，自行找到如何藉由改變環境、生活習慣及飲食營養的方法，而能幫助孩子的病情。內容提到的人名皆為化名，以維護患者隱私。

建議先閱讀第一章後，再直接看想要了解的疾病那一章。如果對醫學名詞覺得生疏，讀完每章開頭的「案例分享」小故事後，不妨先直接跳到每章的「整體療法」及「效果見證」等內容，會提供許多改變環境、生活習慣及飲食營養等建議事項，可以立刻實際應用在孩子身上，幫助改善病情。

特別提醒一下，內文如有提到補充某種特定營養素，可以對照「附件一、富含特定營養素的食物」，讓孩子多攝取含該營養素的食物（如果沒有對該食物過敏）；如果孩子偏食、挑食，或擔心攝取不夠，想要另外補充，則請見「附件二、衛福部兒童每日膳食營養素建議攝取量」及「上限攝取量」做為參考。但是，如果要另外補充營養素，還是建議要在醫師的建議及監測下補充，是比較理想的作法。

另外，為方便讀者和筆者做雙向的溝通，每章皆有對應臉書粉絲專頁當篇的文章 QR Code，以供大家留言互動討論，也歡迎私訊，我會儘量抽時間回覆。每章都有參考文獻，有興趣進一步了解的讀者，也可以掃描各章開頭的 QR Code，這樣在網路上查詢參考文獻會方便很多。如果喜歡粉專內容，也拜託讀者多按讚分享，謝謝！

最後，首先要感謝的是推薦序作者，前台北榮總兒科教授張開屏醫師。恩師張教授帶領我走入兒童神經科的領域，才進而能開始領略兒神的宗廟之美、百官之富。張教授除了專業領域卓越外，更難能可貴的是，他對病童及家屬的永遠包容及好脾氣。他曾說過：「沒有我放棄的病人，只有病人放棄我。」這句話成了我二十餘年來從醫的座右銘。救人行醫過程中，如果有任何患童及家長，覺得我比其他醫師有多一點的耐心及愛心，都要歸功於他的身教！

其次要感謝的第二位推薦序作者：台灣基因營養功能醫學會理事長暨科博特診所院長——劉博仁醫師。劉院長學識淵博，是台灣基因營養功能醫學的先驅及大師。跟隨劉院長學習的這幾年，除了親炙院長的風範，也學會在現代醫療之外，再以生活調理、營養補充的方式，幫患者做最全面的輔助治療。

第三位推薦序作者，是澄清醫院中港院區副院長謝良博醫師。謝副院長除了是我的直屬長官及二十餘年的醫院同事外，還是台灣癲癇醫學會前理事長及現任常務理事，並且是東海大學兼任助理教授。謝副院長百忙之餘，仍抽空幫忙寫序，實在十分感謝及感動！

當然也非常感激，這些年一起共事相處及幫忙的各位長官及同事們。

最重要的是：幸福綠光出版社洪美華社長、編輯何喬小姐及美術設計與插畫家，再度給予敝人機會及大力協助此書編印工作，才能順利付梓，在此一併謝過！

最後，期望受苦中的孩子及爸爸媽媽們，都能藉由這本書的幫助，能夠減輕病痛，重獲健康喜樂！

澄清醫院中港院區小兒神經科主任
台中科博特功能醫學診所主治醫師

胡文龍

胡文龍醫師之基因
營養功能醫學專頁

給家長們使用本書的建議

1. CH1 總論
2. 看想要了解的疾病章節
3. 每章開頭的「案例分享」
4. 每章「整體療法」及「效果見證」
5. 幫助孩子從食物攝取特定營養素「附件一」
6. 若孩子偏食、想額外補充營養素「附件二」
7. 查閱參考文獻「附件三」
8. 與醫師線上互動討論，掃描各章 QR Code

CH1

總論：增加免疫力

終結孩子常吃藥、看醫生的夢魘

五歲的翰偉，因雙親都要工作，所以他和許多孩子一樣，二歲就被送到幼幼班。

年紀小的孩子，抵抗力自然差，上學後接觸的人多，就開始了三天兩頭看醫生吃藥的日子。偶爾病情嚴重時，還需要住院，父母親十分心疼。起先醫師說，孩子年紀小，比較容易被感染；但是現在中班了，這種三天兩頭往醫院跑的生活，還是沒有改變。

不禁讓爸媽開始懷疑：孩子是不是有什麼抵抗力不好的問題？也更想知道：有沒有什麼方法，可以減少生病機會？

不巧自二〇二〇年初，新冠肺炎開始全球肆虐，讓他們心理壓力飆到最高點：因為他們非常的擔心，不知道翰偉何時會被感染？

病情分析　免疫力隨著長大就會慢慢增加

其實，小寶寶從媽媽肚子裡出生後，體內有各種從媽媽胎盤過來的免疫球蛋白G（IgG），因此剛出生後一段時間，不容易被感染。可是，這些免疫球蛋白G，隨著時間慢慢被代謝，自體生成免疫球蛋白的速度又不足，以至於到了三到六個月大左右，寶寶全身總免疫球蛋白量，到達最低點。

年紀太小的孩子，提早展開團體生活，接觸各式感染源，這時就開始容易生病了。最常見的感染就是上呼吸道感染，俗稱感冒。而一個小孩大概每年會有六到八次的感冒，但是少數孩子，甚至可能在一年內得到感冒十二次以上。

不過好消息是：隨著寶寶年齡增加，自身製造的各式免疫球蛋白也就跟著慢慢增加，加上各式免疫功能的成熟，到了青春期，抵抗力也就和成人無異了。

兒童醫學小教室

絕非危言聳聽！新冠病毒只是個開端

新冠病毒全球肆虐，自二〇一九年底至今疫情難平息，但就怕這只是個開端……

當今，全球因溫室效應暖化，南北極首當其害：南極氣溫屢創新高，北極熊更是瀕臨滅絕邊緣。而隨著寒帶地區永凍土解凍及冰原融化，除了長毛象等動物屍骸外露之外，更令人擔憂的是已冰封億萬年的碳與甲烷、有毒的汞和古老的病毒等等也會重新逸散釋放出來，可能造成人類的浩劫！

這聽來像是危言聳聽，不過事實上在二〇一四年，法國的研究者提取了被封存在永凍層中長達三萬年的病毒，並在實驗室對其重新加熱，儘管已經過了三萬年，但該病毒仍迅速復活！

病情診斷 健康好生活是強化抵抗力的不二法門

醫學期刊報導：新冠病毒在抵抗力不好的人身上，發生重症的機會增高；相對地，如果抵抗力夠好，就算被新冠病毒感染，可能也只會是無症狀感染者，小朋友們當然也適用這個簡單的道理！

所以，了解並實踐「如何增加自己的免疫力」，在個人對抗各種病原體方面，實在是一個非常重要的課題。事實上，我們從小所受的健康教育，都已教導我們一些實用方法，來增加自己的免疫力。

早期科學家從觀察中得知：一些好的生活型態方式，確實可以增進免疫力！不過，由於免疫系統的整體複雜性，及相關研究的限制性，造成這些直覺上可以增進免疫力的方法，很難在人體上用科學方法實際證明。

一直到近年來，隨著人類基因體定序（**sequencing of the human genome**）的完成，以及最新生化研究方法的進展，諸如基因芯片（**gene chip**）等，開始可以驗證，在特定生理情況下，成千上萬的基因序列是如何被啟動或關閉，而進一步用科學證明，這些傳統上認為增加免疫力的方法，究竟有無實效。

整體療法 提升免疫力出招，關鍵是身體力行

那麼，除了政府一直宣傳的多洗手、少出入人多室內場所、避免手接觸眼口鼻、戴口罩等相對消極的措施，實際上還有哪些方法，可以積極提升個人免疫力、戰勝病原菌呢？

一、吸菸和二手菸是健康大敵，免疫系統也受害

家中有大人吸菸，小孩吸到二手菸，會連帶讓小孩也受害！大家

耳熟能詳的吸菸造成的健康問題有：慢性阻塞性肺疾病（Chronic obstructive pulmonary disease，COPD）、氣喘、心血管疾病、中風及各式癌症等。

但是近年來，越來越多證據顯示，吸菸還會損害先天性免疫（innate immunity）及後天性免疫（adaptive immunity），造成免疫系統減弱或過度反應[1]。

二、增強抗體，天天五蔬果是最基本的

一天飲食至少包含五份蔬果，可以明顯增強人體的抗體反應[2]。所謂的「天天五蔬果」，是每天至少要吃三份蔬菜與二份水果，共五份的蔬菜水果。而蔬菜一份大約是小孩自己拳頭大小的各式煮熟蔬菜，每天共三份蔬菜；水果一份相當於一個拳頭大的各種水果，每天二份水果。

三、養成經常規律的運動，同時激發孩子生長激素分泌

經常規律的運動，可以延緩免疫系統的老化及增進免疫能力[3]。但是，千萬記得要循序漸進，慢慢增加運動強度及時間，否則太過勞累反而容易感染。美國的「疾病控制與防範中心」（Centers for Disease Control and Prevention，CDC）認為，小孩和青少年每天至少需要六十分鐘或更多的運動量。

運動本身和睡眠一樣，都可以激發生長激素的分泌，讓孩子長高。此外，運動時，基本防護措施還是要注意，諸如：運動前後洗手、身體不適時減少或不運動、注意別和有感冒症狀者一起運動、用健身器材前先用酒精擦拭等。

四、維持適當體重，太瘦、過重或太胖皆有礙健康

根據實驗顯示：肥胖會使免疫細胞中的T細胞功能受損，導致流感病毒在肺中濃度較高、肺炎較嚴重，及造成死亡率較高[4]。世界衛生組織建議以身體質量指數（Body Mass Index, BMI）來衡量肥胖程度，其計算公式是以體重（公斤）除以身高（公尺）的平方。太瘦、過重或太胖皆有礙健康。

BMI 建議值

國民健康署建議不同年齡兒童身體質量指數（BMI）建議值，請搜尋「衛生福利部兒童及青少年生長身體質量指數建議值」，或掃右方QR Code。

五、小孩絕對避免喝酒，成人飲酒也要適度

兒童及青少年因為代謝酒精的乙醇脫氫酶（alcohol dehydrogenase）不足，所以應絕對避免飲酒！但是，成人如果有飲酒習慣，適當飲酒對體液免疫（humoral immunity）及細胞免疫（cellular immunity）有益；甚至紅酒中的抗氧化物成分，也可保護免疫細胞免於受損[5]。

所謂適當的飲酒，對一般成年男性來說，是一天不超過兩個標準杯；也就是約相當於酒精度五％啤酒七百二十毫升，或者是十二％紅酒三百毫升，或是四十％烈酒九十毫升；一般成年女性的適當的飲酒量，要再減半量。但是如果一喝酒，就會滿臉通紅、噁心、頭痛、全身不適，甚至驗血確定就是帶有*ALDH2＊2*（一種乙醛脫氫酶）等位基因者，建議完全避免任何酒類攝取，以維健康。

詳細內容請掃下方QR Code。

了解你的酒量如何

六、睡眠與身體免疫力彼此交互影響，一定要充足

睡眠和免疫力是交互影響的，不只睡眠會影響先天性免疫及後天性免疫，免疫狀態也會影響睡眠品質。好的睡眠可以影響許多免疫指標、降低感染風險，也可以改善感染預後[6]。

七、孩子當然也會有心理壓力，身心紓壓很重要

小朋友及青少年當然也會有心理壓力！而大規模統合分析顯示，慢性心理壓力會降低體液免疫及細胞免疫力，使人易罹患感染性疾病[7]。所以學習如何調適身心、紓解壓力，是所有大人及小孩的重要課題之一。

八、時常大笑是紓解壓力的好方法

時常大笑，不但可以紓解壓力，也可以增加體內自然殺手細胞（Natural killer cell, NK cell）。自然殺手細胞負責非專一性防禦，可以殺死被病毒感染的細胞[8]。

九、多喝水，能幫助血液運送氧氣、代謝體內毒素

足夠的飲水，可以幫助血液運送足夠氧氣，到免疫系統（包含淋巴系統），使免疫細胞能發揮作用。水分足夠也可以幫助身體細胞及腎臟，加速排除代謝毒素。此外，水分可以保持眼睛及口腔黏膜濕潤，而避免被病毒入侵。

值得注意的是，六個月以下寶寶以奶為主食，除非流汗、發燒、腹瀉或脫水，不另外喝水也無所謂，但是要讓寶寶開始習慣水的味道。六個月以上寶寶，配合吃副食品，開始慢慢增加飲水量。

一歲以上乳幼兒，以副食品為主後，一定要充足給予水分；包含奶及水，每天應攝取水分公式為：體重第一個十公斤，每公斤乘以一百毫升；體重第二個十公斤，每公斤乘以五十毫升；第三個十公斤以上，每公斤乘以二十毫升（如要進一步了解，可參考拙作《兒科好醫師最新營養功能醫學》）。

十、多吃菇類，證實可提升免疫功能

吃香菇（Lentinula edodes，Shiitake Mushrooms）已被證實可以增加人體內自然殺手細胞、免疫球蛋白A（Immunoglobulin A，IgA）、介白素-4（interleukin-4，IL-4）等細胞激素，而提升免疫功能[9]。

十一、燉雞湯喝，可強化免疫力、減緩感冒症狀

不論中外，老祖母都知道：在家人感覺不適時，適時燉上一大鍋熱騰騰的雞湯，可以祛除感冒風邪！而研究顯示：雞湯確實可以降低嗜中性白血球的趨化性（Neutrophils chemotaxis），而減緩感冒症狀；而且濃度越高，效果越好[10]！

十二、減少糖分攝取，避免疾病上身

眾所周知：高糖飲食會引起糖尿病、高血脂等慢性疾病。此外實驗顯示：高糖飲食對體液免疫及細胞免疫都不利[11]，容易造成感染生病！

十三、攝取高維生素D食物，並且一天至少曬十五分鐘太陽

維生素D和先天性免疫有密切相關性；而研究顯示：體內維生素D越不足，感冒機會越高[12]！所以如果常感冒，不妨考慮檢測體內維生素D的量是否足夠。

如果從食物已攝取到足夠維生素D，還必須經過皮膚紫外線B（UVB）的照射後，才能轉化為活性維生素D_3。

一般來說，一天曬十五分鐘就足夠，可同時在戶外運動時，邊曬太陽。另外，富含維生素D的食物有：沙丁魚、鮭魚、乳酪、蛋黃、黃豆、菇類及五穀類等，可多多攝取。

十四、靜坐冥想，確實可以影響細胞免疫、發炎指數、老化

靜坐冥想在東方已有很長歷史，一直被認為可以增進身心健康。但直到近年才有，關於靜坐冥想的隨機對照試驗，研究結果顯示，確認它可以影響細胞免疫、發炎指數，甚至老化。

靜坐冥想對許多小小孩來說，幾乎是不可能的任務。父母親可以用

提升免疫力的方法

拒抽二手菸、天天五蔬果

規律的運動、維持適當體重

避免任何酒類攝取

睡眠充足、適當紓壓

靜坐冥想、經常大笑

減少糖分攝取

每天至少曬 15 分鐘太陽

多喝水、多吃菇類、適時喝雞湯

遊戲的方式，慢慢引導。剛開始能持續一分鐘就很好了，可視情況慢慢增加時間。

靜坐冥想不需要像打坐一樣盤腿，只需輕鬆的在椅子上坐正，把注意力集中在當下及呼吸，把腦中雜念屏除，一次不須太長時間，就能達到效果。

兒童營養功能醫學

正確補充營養素，讓免疫力更提升

均衡飲食很重要！保持在營養充足的狀態，自然免疫力也會加強。理論上現代人營養方面應該不會有問題，但是實際上，幼兒期會偏食挑食；壯年期忙於工作，經常飲食只求果腹；老年時胃口不佳、吃得少，在人生各個階段，其實都可能會有潛在的營養缺乏問題。

目前，已有各式體內營養素檢測，可以精準地知道哪些營養素不足，進而給予補充。

如果已確認，沒有營養素不足的問題，那麼除了上述可增加免疫力的方法外，對提升免疫力還有加分作用的營養素有許多種，可以視孩子狀況先考慮鋅、魚油、維生素C、維生素E及益生菌，有助增進免疫力的營養素簡述如下：

①缺乏**鋅**會造成嚴重免疫功能缺損，誘發感染[13]。

②**維生素E**具有免疫調節功能，可以加強細胞及體液免疫功能[14]。

③**維生素C**可以預防及治療，呼吸道及全身性感染[15]。

④缺乏**維生素**B_{12}會造成細胞毒性T細胞（cytotoxic T cel，CD8 T lymphocytes）及自然殺手細胞降低，使得免疫力下降[16]。

⑤重症病人補充**維生素**B_6，可增加免疫反應[17]。

⑥**維生素A**可以調節細胞及體液免疫功能[18]。

⑦嚴重敗血症病人，常缺乏**維生素**B_1[19]。

⑧**茶胺酸**可以幫助恢復，因過度運動造成的免疫失衡[20]。

⑨**牛磺酸**對於維持先天性免疫及後天性免疫，都是一個關鍵成分[21]。

⑩**甜菊**（*Stevia rebaudiana*）可以提升細胞、體液及吞噬細胞的免疫功能[22]。

⑪**大豆異黃酮**可以調節自然殺手細胞功能[23]。

⑫**水飛薊素**具有許多種免疫調節功能[24]。

⑬**絲氨酸**可幫助T淋巴球（T cell）增殖[25]。

⑭**硒**可以增強細胞及體液免疫功能[26]。

⑮**黃芩**（*Scutellaria baicalensis*）可使呼吸融合病毒的肺炎，所造成的肺部傷害降低，並有抗病毒作用[27]。

⑯**迷迭香**（*Rosmarinus officinalis*）可加強免疫功能[28]。

⑰**紅景天**（*Rhodiola rosea*）可藉由減少T淋巴球凋亡，而減緩敗血症影響[29]。

⑱**白藜蘆醇**可藉由影響細胞激素（cytokine）製造，而達到調節免疫功能目的[30]。

⑲**槲皮素**可以抗發炎及提升免疫力[31]。

⑳**益生菌**可藉由調節腸道細胞及全身細胞功能，達到免疫調節目的[32]。

㉑**石榴**（Pomegranate）具有抗細菌及抗病毒作用[33]。

㉒**鮑魚菇**（Pleurotus ostreatus）可使免疫功能增強，減少上呼吸道感染機會[34]。

㉓**冬蟲夏草**（Paecilomyces hepiali）可以增強細胞免疫功能[35]。

㉔**魚油**可以活化先天性免疫及後天性免疫功能[36]。

㉕**褪黑激素**可以幫助老人及免疫功能低下的人，增加免疫功能[37]。

㉖補充**錳**及**鎂**，可減少巨噬細胞（Macrophages）死亡[38]。

㉗同時補充**離胺酸**及**精胺酸**，可以增強細胞及體液免疫功能[39]。

㉘**枸杞**可以使健康老人增加淋巴球及免疫球蛋白G（IgG），而增加免疫功能[40]。

㉙**葉黃素**可以促進先天性免疫及後天性免疫功能[41]。

㉚**異麥芽寡糖**和**乳酸桿菌**一起作用，可以藉由上調輔助T1細胞（T helper 1 cell），而加強免疫力[42]。

㉛**異白胺酸**可以幫助維持先天性免疫及後天性免疫功能[43]。

㉜**武靴葉**（Gymnema sylvestre）可以恢復先天性免疫功能[44]。

㉝**舞菇及香菇的多醣體**成分，可以增強細胞及體液免疫功能[45]。

㉞**葡萄**（Grape）可以幫助維持人體T淋巴球功能[46]。

㉟**甘草**（licorice）具有抗病毒及抗微生物作用[47]。

㊱**穀胱甘肽**可藉由調節氧化還原反應，而調節肺部先天性免疫功能[48]。

㊲**麩醯胺酸**可藉調整淋巴球增殖，及淋巴球分泌細胞激素，而減少感染機會[49]。

㊳**人蔘**可維持免疫系統恆定，增加抵抗力[50]。

㊴**赤靈芝**（Ganoderma lucidum）可增強先天性免疫功能[51]。

㊵**葉酸**缺乏，會造成細胞免疫功能受損，而易感染[52]。

㊶**膳食纖維**（Fiber）及**益菌生**（Prebiotics）可藉由改變腸道微生物生態，而達到調節免疫機能[53]。

㊷**表沒食子兒茶素沒食子酸酯**，可藉由增強先天性免疫功能，而抵抗病毒感染[54]。

㊸ 莓果類富含的**鞣花酸**（Ellagic acid），可以調節口腔先天性免疫媒介的表現，而達到口腔黏膜免疫保護功能[55]。

㊹ **脫氫表雄酮**對增進免疫能力有益[56]。

㊺ **薑黃素**（Curcumin）具有抗發炎的免疫調節機能[57]。

㊻ **銅**（Copper）如果不足，會使得介白素-2（Interleukin-2）減少及T淋巴球增殖減少[58]。

㊼ **膽鹼**可以增加淋巴球增殖[59]。

㊽ **兒茶素**可以調節細胞及體液免疫功能[60]。

㊾ **β-胡蘿蔔素**可以增強細胞免疫功能[61]。

㊿ 補充**肉鹼**可以增強因老化而減退的免疫功能[62]。

(51) **綠花椰菜**（Brassica oleracea）內含增強先天性免疫功能的成分[63]。

(52) **黃耆**（Astragalus membranaceus）可以活化巨噬細胞的免疫反應[64]。

(53) **精胺酸**可以使T淋巴球增殖[65]。

(54) **穿心蓮**也可以使T淋巴球增殖，增進免疫功能[66]。

55 翠葉蘆薈（Aloe barbadensis）可以刺激細胞免疫及增加抗體產生[67]。

56 丙氨酸可以活化T淋巴球[68]。

57 全基因組分析研究（Genome-wide analysis）顯示：維生素D可以幫助維持先天性免疫及後天性免疫功能[69]。

效果見證

戒糖、多吃蔬果、多曬太陽，補充營養素，感冒不再如影隨形

翰偉有過敏體質，常常因為癢，不自覺的就用手挖鼻子及揉眼睛，造成病毒乘機進入，而容易感冒。

1. **注意個人衛生習慣：**解決之道，除了治療過敏以消除癢感外，請爸媽隨時提醒他：務必避免用手接觸眼口鼻！否則就算一直戴口罩也沒有用。萬一實在癢到受不了，務必用肥皂徹底洗淨雙手後，才能用手接觸眼口鼻部！

另外，在摸過大家都會用手接觸的地方，例如電梯開關、門把、電燈開關或賣場推車後，一定要提醒翰偉記得洗手，並且讓他慢慢養成習慣。還有萬一真的要出入人多室內場所時，一定要戴口罩。

2. **戒糖飲，多喝水：**翰偉還有一個壞習慣，就是平時不愛喝水，喜歡跟著爸媽一起喝手搖飲；況且，由於大多外食，導致他蔬果吃的也不多。我請爸媽趕快帶頭停止喝甜飲料，改喝溫開水。他的體重是十六公斤，包含奶類、飲品及湯，一天至少要給他一千三百毫升的水量，可視流汗量多寡再適度增加。

3. **飲食均衡，尤其蔬果要兼顧：**因為雙薪家庭緣故，他們常常外食。我特別提醒他們：外食最好多點一份燙青菜，上面不加醬料。點菜時如果有菇類選項時，一定要點。還有，回家再補吃水果，盡量做到能夠一天五蔬果。

4. **食療和營養療法雙管齊下：**翰偉的營養素檢測顯示，鋅、維生素D、維生素E、維生素C及維生素B_{12}都不足，維生素D甚至幾乎到達缺乏的程度！除了衛教多補充如沙丁魚、鮭魚、乳酪、蛋黃之外，也請他多運動及曬太陽，另外也用營養素幫他額外補充。

5. **增加運動量且盡量曬太陽：**如果不趕時間，每天在幼稚園接他下課的空檔時間，盡量讓他在學校的小操場跑跑跳跳，增加運動量且可以順便曬太陽。此外運動時，基本防護措施還是要注意，諸如：運動前後洗手、身體不適時減少或不運動、注意別和有感冒症狀者一起運動等。

三個月後回診，爸媽很興奮地和我分享：翰偉居然已經兩個月沒有感冒了！這對多年病號的他來說，真是個不可思議的好消息。爸媽也很有信心的和我說，他們現在已經沒有那麼擔心新冠疫情，專心等著小孩的新冠疫苗施打。

CH2

過敏性鼻炎

勿輕忽！鼻過敏容易過動、學習力減退

偉強的雙親都是嚴重過敏性鼻炎的患者。偉強小時候，除了嬰兒腸絞痛外，全身皮膚乾燥粗糙；肥肥的小臉蛋，更是一直紅通通，常常脫皮、流湯、發癢。

過兩歲以後，每天一早起床，都必定出現嚴重打噴嚏、鼻子癢、流鼻水、鼻塞及眼睛癢。短短時間內，為了擤鼻涕，甚至可以用掉半包衛生紙！

由於夜間鼻塞，晚上睡不好，他白天老是迷迷糊糊、上課打瞌睡和恍神。甚至，因為時常注意力不集中及過動，而被老師懷疑是過動兒，要求父母親帶到我的門診治療過動情況！

病情分析

全台每三人就有一人鼻過敏

在門診時我發現：偉強有嚴重黑眼圈、眼眶下水腫及下眼瞼皮膚皺褶增多；也因為反覆鼻子癢而揉鼻子，造成鼻頭及鼻樑之間形成摺縫；另外，也因為長期鼻塞，而習慣性用嘴呼吸；咽喉後部有嚴重鼻水倒流現象。

過敏性鼻炎又稱為鼻敏感、乾草熱、花粉熱、花粉症或季節性過敏性鼻炎。過敏性鼻炎的特徵，就是陣發性的打噴嚏、流透明鼻水、鼻癢及鼻塞，時常連帶伴隨著眼睛及喉嚨會發癢；此外還常合併鼻水倒流、夜間咳嗽、躁動不安及倦怠。

究竟有多少人為過敏性鼻炎所苦惱呢？曾有統計報告指出：工業化國家高達三分之一的人口有過敏性鼻炎，且有逐年上升的趨勢！據統計，台灣也是每三人就有一人有鼻子過敏。甚至台北市衛生局統計，一九八五年孩童過敏性鼻炎的比例為七．八四％，二〇〇七年竟增加至五十％，二十年之間人數飆漲七倍！會上升的原因眾說紛紜，比較可信的包括室內過敏原的曝露、空污、飲食生活型態改變、氣候因素及環境毒素（諸如塑化劑等）。

過敏性鼻炎的症狀如前所述，是陣發性的打噴嚏、透明鼻水、鼻癢及鼻塞，時常連帶伴隨著眼睛及喉嚨會發癢。由於夜間鼻塞，晚上睡不好，而造成白日倦怠、全身乏力，甚至注意力不集中而影響學童的學業成績，產生過動症狀；成人長期受其苦，則可能造成焦慮、憂鬱及影響工作。

過敏性鼻炎在國際上有嚴格的定義和分類，但不管是哪一型別的過敏性鼻炎患者，當反覆曝露在過敏原當中，就會造成鼻黏膜持續發炎，而變得越來越敏感，以至於以後只要接觸到一點點過敏原或非特定刺激原，諸如香菸、香水、空污等，就會出現嚴重打噴嚏、透明鼻水、鼻癢及鼻塞等鼻炎症狀！

所以無論如何，避免過敏原是成功治療過敏性鼻炎的最重要先決條件之一！

知己知彼，認識過敏性鼻炎分類

根據世界衛生組織（WHO）會議，過敏性鼻炎類型，分為間歇性、持續性、輕度、中重度；不過，美國食品藥品監督管理局（FDA）則偏好季節性和終年性兩種分類。

世界衛生組織的過敏性鼻炎分類表

間歇性	每週出現症狀小於4天，或症狀持續時間少於4週
持續性	每週出現症狀多於4天，及症狀持續時間多於4週
輕度	不到下列的任一項中重度標準者
中重度	如果有造成睡眠障礙、影響學習及工作表現、影響日常生活休閒或運動，以及其他棘手症狀等一至多項狀況者，就視為中重度

美國食品藥品監督管理局的過敏性鼻炎分類表

季節性（seasonal）	只出現在一年之中的特定時段，原因是對特定季節戶外的過敏原，諸如花粉、草粉等過敏所致。 因不是常常有症狀，病患較難以忍受而會儘早就醫。
終年性（perennial）	整年都會出現症狀，原因是對室內的過敏原，諸如塵螨、灰塵、蟑螂、黴菌孢子或寵物皮屑等過敏所致。 終年長期有症狀，雖症狀嚴重，但是病患因持續長期已適應症狀，反而不會就醫，不就醫的現象尤其以兒童最常見。 另外也有不少病患，屬於終年性但又會因季節轉換而症狀惡化。

過敏性鼻炎患者的外觀，有幾項特點，例如過敏性鼻炎病患因皮下靜脈擴張，而易出現黑眼圈及眼眶下水腫、下眼瞼皮膚皺褶增多（Dennie-Morgan lines）；因反覆鼻癢揉鼻子造成鼻頭及鼻樑之間形成摺縫（Nasal crease）；尤其，兒童因長期鼻塞用嘴呼吸，而造成下顎內縮、牙齒排列不正等。

過敏性鼻炎患者常合併許多共病，諸如過敏性結膜炎、急或慢性鼻竇炎、氣喘、異位性皮膚炎、睡眠障礙等，而讓孩子的生活品質進一步惡化。

病情診斷二 專業鑑別診斷，揪出過敏性鼻炎的真正原因

過敏性鼻炎的診斷，以臨床表現為主，包括前述的典型症狀、病史及身體檢查。為清楚了解病患的過敏原種類，也可考慮抽血檢驗過敏原（IgE immunoassays）。

通常過敏性鼻炎會發生，是因為先反覆曝露在過敏原當中數年，致敏後（sensitization）才會誘發部分人過敏性鼻炎發病！

所以，萬一鼻炎症狀出現在兩歲之前，要特別注意是否有其他鑑別診斷的可能性。兩歲後過敏性鼻炎盛行率逐漸增加，直到成年早期。

成人若無長期過敏體質，而第一次出現類似過敏性鼻炎症狀，也要特別注意是否有其他鑑別診斷的可能性。

鑑別診斷方面，兩歲之前要考慮腺樣體肥大（Adenoid hypertrophy）、急或慢性鼻竇炎、後鼻孔閉鎖（choanal atresia）、鼻腔異物或鼻息肉（nasal polyps）；兩歲之後及成人要考慮其他誘發鼻炎症狀之疾病，諸如急性感染性鼻炎、急或慢性鼻竇炎、慢性非過敏性鼻炎、萎縮性鼻炎、鼻息肉及鼻腔腫瘤。

一、避免過敏原是生活首要注意事項

千萬要注意，過敏性鼻炎日常生活照護方面，首重避免過敏原！避免過敏原不但可以避免發作，更可以防止進一步誘發氣喘！常見的過敏原包括花粉、草粉、塵蟎、空污、灰塵、蟑螂、黴菌孢子或寵物皮屑。

建議家長，花粉季節及空污嚴重時，減少外出或戴口罩外出、室內不養寵物、使用防塵蟎寢具、室內放空氣濾清器並按時更換濾網、兩週清洗一次寢具並用六十℃以上熱水燙過、家中不放地毯、床上不擺絨毛玩具及不用毛毯、避免食物殘渣滋生蟑螂、保持生活作息正常、減少壓力、適度運動、室內使用除濕機使濕度小於五十％。

如果抽血檢驗過敏原，有另外檢查出其他過敏原，也要記得避免食用或接觸。

有趣的是，目前流行的高脂低碳水化合物的生酮飲食，被發現和過敏性鼻炎有相關性，原因尚待進一步研究釐清。

二、依輕中重度採取適宜的的藥物治療

過敏性鼻炎的藥物治療上，大致依年齡區分兩大類：

兩歲以下：兩歲之前，過敏性鼻炎機率較低，要特別注意是否有其他鑑別診斷的可能性！如果確定是過敏性鼻炎，治療考慮給予色甘酸鈉（cromolyn sodium）鼻噴劑，或是口服第二代抗組織胺，症狀嚴重者給予類固醇鼻噴劑。

兩歲以上及成人：又依症狀區分為輕度或偶發性症狀，及持續或中重度症狀。輕度或偶發性症狀患者，可固定或需要時給予口服第二代抗組織胺，固定或需要時給予抗組織胺鼻噴劑、類固醇鼻噴劑或色甘酸鈉鼻噴劑。

持續或中重度症狀患者，首選為類固醇鼻噴劑；如果效果有限，再加上抗組織胺鼻噴劑、色甘酸鈉鼻噴劑、欣流（montelukast）或口服第二代抗組織胺。若合併過敏性結膜炎及氣喘，也要一併治療。

改善過敏性鼻炎家居小貼士

使用防塵蟎寢具、
兩週清洗一次寢具
花粉季節
及空污時，
減少外出
室內不養寵物、
不使用地毯
床上不擺絨毛
玩具及毛毯
室內使用空氣
濾清器，並按
時更新濾網
補充營養素
·鋅、魚油、益生菌
·維生素 D、維生素 C
室內使用除濕機，
濕度 <50%

過敏性鼻炎的不開藥處方箋

適當地補充營養素，也可有效減緩過敏性鼻炎的症狀！基因營養功能醫學療法在這方面，已有非常多的研究佐證。如果想另外補充營養素，可以視孩子檢測狀況先考慮鋅、魚油、維生素D、維生素C及益生菌；有助益的營養素條列如下：

①**人蔘**可以改善過敏性鼻炎的鼻塞症狀，而改善病患生活品質[1]。

②鼻黏膜以**蘆薈**（Aloe vera）局部治療，可以改善過敏性鼻炎[2]。

③研究發現：補充**維生素 D_3**，可以改善過敏性鼻炎[3]。

④補充**鈣**片，可以抑制過敏原造成過敏性鼻炎患者的鼻塞[4]。

⑤季節性過敏性鼻炎患者，在每年花粉季開始前補充**兒茶素**，可有效改善症狀[5]。

⑥血中**胡蘿蔔素**較高，對過敏性鼻炎患者有保護作用[6]。

⑦泳池中的氯，進入鼻腔中可能誘發過敏性鼻炎[7]。

⑧研究證實：補充**膽鹼**對過敏性鼻炎治療有效果[8]。

⑨咖啡富含的**綠原酸**，可藉由改善輔助T細胞1型及2型之間的平衡，而改善過敏性鼻炎[9]。

⑩過敏性鼻炎患者，體內**鋅**普遍不足[10]。

⑪補充**輔酵素Q10**，可有效改善過敏性鼻炎[11]。

⑫**薑黃素**可有效改善過敏性鼻炎患者的打噴嚏、鼻水及鼻塞症狀[12]。

⑬**N-乙醯半胱氨酸**（N-acetylcysteine），可改善過敏性鼻炎患者鼻內發炎狀況[13]。

⑭綠茶中的多酚類物質**表沒食子兒茶素沒食子酸酯**，可藉由抗發炎作用改善過敏性鼻炎[14]。

⑮補充**魚油**確定可以減少過敏性鼻炎及致敏化的風險[15]。

⑯植物**類黃酮**在預防及治療過敏性鼻炎，皆有一定角色[16]。

⑰**赤靈芝**（Ganoderma lucidum）對治療過敏性鼻炎有效[17]。

⑱**薑**可以藉由減少細胞激素分泌，而使得T細胞（T cell）不活化，進而防止產生過敏性鼻炎[18]。

⑲**銀杏**（Ginkgolide B）對藥物治療過敏性鼻炎有加乘作用[19]。

⑳**葡萄糖胺**的抗發炎效果，對治療過敏性鼻炎有效[20]。

㉑**甘草甜素**可藉其抗氧化作用，而減緩過敏性鼻炎[21]。

㉒日本研究發現：多攝取**大豆異黃酮**，可降低過敏性鼻炎盛行率[22]。

㉓多攝取α-**次亞麻油酸**及**魚油**，有助減敏及減少過敏性鼻炎發生[23]。

㉔**維生素C**可以減緩過敏性鼻炎症狀[24]。

㉕過敏性鼻炎患者，體內**褪黑激素**普遍不足[25]。

㉖最新研究顯示：**甲基硫醯基甲烷**（Methyl sulfonyl methane, MSM），可有效減少過敏性鼻炎及鼻塞症狀[26]。

㉗補充**益生菌**確定可以改善過敏性鼻炎症狀[27]。

㉘**槲皮素**的抗氧化作用，可有效改善過敏性鼻炎[28]。

㉙白藜蘆醇可藉其抗氧化及抗發炎作用，而減緩過敏性鼻炎症狀[29]。
㉚過敏性鼻炎患者，體內硒普遍不足[30]。
㉛水飛薊素的抗氧化作用，可減緩過敏性鼻炎症狀[31]。
㉜補充維生素E，可以改善季節性過敏性鼻炎症狀[32]。

效果見證 杜絕塵蟎、少吃蝦蟹等，過敏症狀大幅降低，藥物可以減少使用

經過過敏原測試，發現除了對蝦蟹有輕微過敏外，偉強和大多數台灣的過敏性鼻炎患者一樣，都是對塵蟎有嚴重過敏！

我建議偉強的爸爸媽媽，除了讓他少吃蝦蟹外，一定要做到：他的床上不要擺絨毛玩具、不用毛毯、使用防塵蟎寢具、兩週清洗一次寢具並用六十℃以上熱水燙過、室內放空氣濾清器並按時更換濾網、家中不放地毯、室內不養寵物、室內使用除濕機並使濕度小於五十％。

一、量身訂製！改善鼻過敏的生活作息建議

進一步詳細了解偉強的平日生活後，我給他們一些實用的建議：

1. **拒絕冰飲**：建議不要再給他喝冰飲料！因為冰品會刺激副交感神經，加重鼻黏膜腫脹的情況。而市售罐裝飲料中的高果糖糖漿及添加物，也對健康不利。

2. **增進睡眠質量**：偉強平時常因沉迷手機而晚睡，我也請爸爸媽媽幫他下載手機管理軟體，避免因睡前使用手機而影響睡眠品質。此外，要盡量做到在十點前就寢，以利生長激素以及褪黑激素的分泌，而減少鼻過敏的發作。

3. **適度運動**：有可能的話，至少一週四次，每次一小時的有氧運動，除了可增強體力外，對增加全身及鼻局部免疫平衡，及降低過敏性鼻炎發作都有幫助。但是戶外運動時，要記得避開空污期間；如果是游泳，則要記得游泳完，用微溫的生理食鹽水沖洗鼻腔，以免餘氯殘留鼻腔內，反而造成鼻過敏更嚴重。

4. 多攝食蔬果：蔬果中的纖維素，可使腸道中益生菌增加，也可刺激排便及減少腸漏現象，進而減緩過敏性鼻炎症狀。此外，近年來空污嚴重，蔬果中的維生素B群，可減少空污對身體的傷害。

5. 避免室外及室內的空污：室外的霧霾及室內裝潢像俱產生的甲醛及苯等，不但可能會造成癌症及肺功能異常外，更是造成過敏性鼻炎發作的重要誘發因子！空污嚴重時出門要戴外科口罩，室內裝潢要採用符合國家標準及污染少的裝修材料。

二、精準營養處方，慢慢減少對藥物的依賴

為了治療嚴重過敏性鼻炎，偉強已經使用了數年的口服藥物及類固醇鼻噴劑。爸爸媽媽都很擔心，長期使用類固醇鼻噴劑，會造成影響生長發育的副作用。

但是，我認為偉強鼻過敏症狀太過嚴重，不宜貿然停止治療。於是和爸爸媽媽經過充分討論後，針對個人化的體內營養素檢測，精準補充

偉強缺乏的下列營養素，而定下慢慢減少藥物的長期目標。

1. **維生素D_3：**由於缺乏運動又缺乏日照，絕大多數華人，都呈現維生素D_3不足的狀態！偉強也是如此。而補充維生素D_3，可以有效改善過敏性鼻炎症狀。

2. **魚油：**飲食中常用的沙拉油、花生油及葵花籽油等，主要內含ω-6脂肪酸，長期食用會使身體傾向於慢性發炎體質。而多攝取魚油，其中富含的ω-3脂肪酸，會使得體內ω-6/ω-3比例趨向平衡，減少身體慢性發炎，及改善過敏性鼻炎。

3. **維生素E：**是一種脂溶性維生素，補充維生素E也可以改善過敏性鼻炎症狀。

4. **鋅：**許多的過敏性鼻炎患者，體內都呈現鋅缺乏的狀態。補充鋅可以提升身體的抗氧化能力，並且穩定鼻腔呼吸道黏膜，降低鼻過敏的反應。

偉強的爸爸媽媽很積極的配合，完全做到避免過敏原，使得偉強的過敏症狀減少了三分之一！

再經過兩個月的避免過敏原、日常生活調理以及精準的營養素補充，偉強的口服用藥，已經從一天四顆，減少到睡前一顆。爸爸最在意的類固醇鼻噴劑，也從一天噴兩次，減少到過敏嚴重時才需要噴。

重點是，他過去一早起床，都必定出現的打噴嚏、鼻子癢、流鼻水、鼻塞等症狀，幾乎完全沒有了！多年的用嘴呼吸也完全改善，整體外觀變得帥氣多了。因為晚上不再鼻塞睡不好，所以白天上課精神奕奕，功課也突飛猛進，更再也沒有被老師懷疑是注意力不集中及過動兒了！

除了我替他感到高興外，最欣慰的就是從小辛苦照顧他的爸爸媽媽了。

CH3

過敏性蕁麻疹

每天看著孩子紅癢難耐，全家人都心痛

「媽！快來！」半夜兩點，六歲的曉晨又再次尖叫著。

媽媽睡眼惺忪的跑過去，果然不出所料，她又看到曉晨身上有許多淡紅色、不規則形狀的凸起斑塊；而曉晨正煩躁不安地坐在床上，用手抓撓著身體。

從第一次出現蕁麻疹到現在，已經超過三個月了，該吃該擦的藥都用了，結果還是平均兩三天發作一次，讓全家人都感覺心很累……

病情分析

這裡消那裡又跑出來，全身皮膚到處現蹤

過敏性蕁麻疹非常常見，據統計百分之二十的人有得過。典型的過敏性蕁麻疹，簡單來說，看起來就像是被蚊子叮咬到一般，皮膚鼓起不規則形狀的凸起斑塊，呈現淡紅色且非常癢；但是會在全身多處出現，形狀可以是圓形或橢圓形，且會這裡消掉，那裡又發出來；大小從小於一公分到數公分大不等，而且常常癢到病患無法正常工作、讀書或睡覺。

病灶會在數分鐘至數小時內出現，並且出現範圍越來越大；通常二十四小時內會完全消失；病灶只會非常癢但不會痛，而且不會留下疤痕或瘀青。

基本上，全身皮膚都可能出現；但是，偶爾可見腰部的腰帶壓迫處，或是皮膚易摩擦處如腋下等處，會較常出現。

過敏性蕁麻疹有時會合併出現血管性水腫（Angioedema），通常出現在臉、唇、肢體或生殖器。

慢性過敏性蕁麻疹比急性患者更不易找到原因

一般定義反覆出現過敏性蕁麻疹短於六週者稱為「急性過敏性蕁麻疹」；超過六週者稱為「慢性過敏性蕁麻疹」。

過敏性蕁麻疹的造成原因，是因為表淺真皮層（superficial dermis）的肥大細胞（mast cells）及嗜鹼性粒細胞（basophils）被活化後，釋放出細胞介質（cytokine），例如引起強烈癢感的組織胺，和引起皮膚局部腫塊的血管擴張介質；同樣的方式如發生在深層真皮層及皮下組織，就會造成血管性水腫。

雖然許多原因都有可能造成過敏性蕁麻疹，遺憾的是許多病患作很多檢查就是找不到原因，而慢性過敏性蕁麻疹又比急性患者更不容易找到原因。

過敏性蕁麻疹的常見可能原因

過敏性蕁麻疹就不同機轉作分類的常見可能原因，如下表所示。

過敏性蕁麻疹在診斷上首重病史及典型皮膚表現，如懷疑是過敏原造成，可考慮檢驗過敏原，並進一步避免過敏原。

過敏性蕁麻疹的常見可能原因一覽表

感染	病毒、細菌、寄生蟲
IgE 抗體媒介	藥物、蟲咬、食物、輸血、乳膠、接觸性過敏原、吸入性過敏原、食品添加劑
直接活化肥大細胞	毒品、肌肉鬆弛劑、顯影劑、萬古黴素
物理刺激	皮膚劃紋症（dermatographism）、遲發性壓力（delayed pressure）、冷、膽素型（Cholinergic）刺激、震動、水源性（Aquagenic）、陽光、運動
其餘種類	非類固醇類消炎藥（NSAID）、血清病、黃體激素、異株蕁麻

整體療法

藥物治療之外，食衣住等都要放大檢視

一、特定食物、環境、污染源及過敏原等都要避免

據統計，急性過敏性蕁麻疹患者，三分之二左右，六週內會自行消失，長期治療大多針對慢性過敏性蕁麻疹患者。如果找得到過敏原，一定要嚴格避免可能誘發過敏性蕁麻疹的過敏原！如果有蕁麻疹發作時，一定要認真回想前幾天有無特殊易過敏飲食，以後則避免之！

攝取低組織胺飲食[1]，也能幫助治療慢性過敏性蕁麻疹。而哪些飲食含高組織胺呢？包括乳酪、優格、泡菜、酒、加工肉品、味噌、醬油、番茄及番茄醬、茄子、菠菜、沙丁魚、鯖魚、鮪魚、鹹魚、魚罐頭及醋。就算檢驗過敏原並沒有對這些食物過敏，還是應該避免食用！

環境方面該注意：保持室內通風、避免悶熱以及勤更換衣物及寢具，也能減少發作機會。還有洗澡及蓋被子，溫度都不要到達流汗的程度，因為熱本身就是一個誘發因素。有時候鬆緊帶比較緊的皮膚部位，會

較易出現蕁麻疹。過緊、聚酯纖維及毛質衣物也易誘發發作。所以衣物以棉質寬鬆舒適為宜。

環境污染源也可能誘發蕁麻疹，諸如：金屬、粉塵、化學物質、油漆、甲醛。另外，心理壓力，如緊張、睡眠不足或考試，也是誘發因素。甚至，幼兒會因病毒或細菌感染，而誘發蕁麻疹發作。

此外，指甲要做適當修剪，並且盡量不要因為發癢而搔抓皮膚，以免造成傷口，進而引發細菌感染。

二、治療以抗組織胺藥物為主

第一線用藥為H1抗組織胺，其中第二代H1抗組織胺比較不引起嗜睡，嚴重者可再一起使用H2抗組織胺或白球三烯拮抗劑（leukotriene-receptor antagonist）。如合併嚴重血管性水腫或症狀持續數日以上，則可短期給予類固醇。

過敏性蕁麻疹的不開藥處方箋

適當地補充營養素，也可有效減緩過敏性蕁麻疹的症狀！基因營養功能醫學療法在這方面，已有許多的研究佐證。如果想另外補充營養素，可以視孩子狀況先考慮魚油、維生素D、維生素B_{12}及益生菌；其他有助益的營養素條列如下：

①近年來在營養功能醫學療法方面，許多研究已經證實：補充**維生素D_3**可改善過敏性蕁麻疹症狀並增加患者生活品質[2 3 4 5]。

②二〇一五年一篇研究指出：血液中**鐵**含量不足及**維生素B_{12}**過低，可能和慢性過敏性蕁麻疹有因果關係[6]。

③世界知名的梅約診所（Mayo clinic）在其網頁指出：有證據顯示，補充**魚油**對慢性過敏性蕁麻疹有幫助[7]。

④植物類黃酮中的**槲皮素**，也稱作五羥黃酮，有抑制組織胺釋放及降低免疫球蛋白E（IgE）和過敏原結合的反應，據信也對慢性過敏性蕁麻疹有幫助[7 8]。

⑤補充益生菌可改善慢性頑固性過敏性蕁麻疹[9]。

⑥補充鎂可能對急性蕁麻疹有益[10]。

⑦慢性過敏性蕁麻疹病患體內脫氫表雄酮（Dehydroepiandrosterone, DHEA）偏低[11]。

效果見證

嚴格忌口高組織胺食物，室內保持空氣清新，避免過熱流汗

曉晨的過敏原檢測，和許多過敏性蕁麻疹患者一樣，找不到對於任何特定過敏原有過敏的現象。她目前固定在吃第二代H1抗組織胺、H2抗組織胺以及白球三烯拮抗劑；有時嚴重發作時，甚至還要加上類固醇，病情才能壓得下來。

自從第一次發作以來，媽媽都有認真記錄每天的飲食，包括有無特殊易過敏食物，結果媽媽說她好像也看不出是什麼特定食物造成的。

1. **嚴格禁止高組織胺食物：**首先請爸媽注意，平日避免給曉晨下列含高組織胺的食物，包括乳酪、優格、泡菜、酒、加工肉品、味噌、醬油、番茄及番茄醬、茄子、波菜、沙丁魚、鯖魚、鮪魚、鹹魚、魚罐頭及醋等。媽媽這時才突然恍然大悟說，曉晨平時最愛吃德國香腸、優格和番茄醬，接下來一定要嚴格忌口了。

2. **室內保持空氣清新且溫度適宜：**曉晨他們半年前剛搬新家，房間都還有些淡淡的油漆味。我請爸媽務必記得：這一段時間都要把空氣清淨機整天開著，並保持通風，再放置活性碳，以加速去除甲醛。曉晨的房間正好接受西曬，傍晚到午夜這段時間總是熱烘烘的，所以我請爸媽幫她換個房間，以免房間過熱又會引起蕁麻疹發作。

3. **居家衣物都要寬鬆乾爽：**還有洗澡的水溫不要超過三十七度。蓋被子，也不要蓋到流汗的程度。在夏天晚上睡覺時，一定要記得開冷氣。她有許多件衣服褲子都太緊，又是聚酯纖維材質的，請媽媽全部換成寬鬆棉質的。

4. **補充缺乏營養素：** 她的營養素檢測結果，發現維生素D及B_{12}過低，就幫她補充。另外還加上益生菌及魚油，以改善蕁麻疹。

兩個月過後，她已經從平均兩三天發作一次，減少到兩週發作一次；而且已經不會嚴重到發作時，需要加上口服類固醇藥物的程度。平日預防藥物，也從三種藥，減少到睡前一次第二代H1抗組織胺。全家也不再被她半夜的尖叫聲，弄得人心惶惶了。

CH4

性早熟

贏在起跑點，不全然是好的

怡芬是在我們醫院出生的，所以一直習慣帶到我的門診看診；中間有幾年沒有來，再來看診的時候已經是小學三年級了。

記得在那次門診時主要是看感冒，但媽媽突然提到：怡芬小一時，因為先是乳房發育，加上後來開始長陰毛，結果在其他醫院經檢查發現骨齡超前三年，於是就開始接受每月一次的性腺激素釋放素促進劑的治療。

但是接受治療後，雖然沒有進一步的第二性徵加速成熟現象出現，初經也還沒有來，但是最近一次的骨齡檢查，結果還是超前三歲，和之前比較並沒有進步，讓媽媽有點擔心。

病情分析一 青春期生理學

想了解何謂性早熟（precocious puberty），要先知道正常的青春期生理學。

青春期的啟動，首先是由腦部下視丘脈動性的釋放（pulsatile secretion）性腺激素釋放素（gonadotropin-releasing hormone, GnRH）增多，而展開序幕。性腺激素釋放素增多後，使腦下垂體前葉分泌的黃體刺激素（luteinizing hormone, LH）及濾泡刺激素（follicle-stimulating hormone, FSH）分泌量增多。黃體刺激素及濾泡刺激素，就會刺激性荷爾蒙生成及性腺中的精或卵生成。

這一連串的過程，就是代表「下視丘—腦下垂體—性線軸」（hypot-hala mic-pituitary-gonadal axis）的成熟。

一、男女激素作用

女孩的濾泡刺激素，可使卵巢濾泡成長，黃體刺激素，則使卵巢產生雌二醇（estradiol）。雌二醇可使乳房發育，並使骨骼成長，造成短期之內身高成長速度增加；但是最後反而會造成生長板提早關閉，並且停止生長，這就是為何女孩平均身高比男孩矮的主因。此外，雌二醇、黃體刺激素及濾泡刺激素三者交互作用，最後導致排卵和月經。

男孩的黃體刺激素，可使睪丸內的睪丸間質內細胞（Leydig cells），產生睪固酮（testosterone）；睪丸局部的睪固酮增加，會使曲細精管（seminiferous tubules）生長，進而使睪丸體積增大。男孩的濾泡刺激素，也會使曲細精管生長，使睪丸體積增大。睪固酮還會使陰莖生長、聲音變低沉、體毛生長及肌肉發達。

二、第二性徵

青春期最大的特徵，是生殖器官迅速的發育，以及第二性徵的出現。

當男女孩進入青春期時，因為性荷爾蒙的作用，在外觀上會開始產生一連串顯著的差別，這種在外形上表現男女性別的特徵，被稱為第二性徵（secondary sexual characteristics）。

例如男性體格魁梧、肌肉結實、骨骼粗大、肩膀寬闊、喉頭突出、發音低沉及長出鬍鬚等；女性卻截然不同，例如皮膚細膩、骨盤寬大、發音高而尖、乳房隆起及脂肪豐滿等。

三、唐納分期

正常的青春期發育，外觀上的改變有一定的出現順序，稱為性成熟等級（sexual maturity ratings），又稱為唐納分期（Tanner stages）。大致上來說，女孩首先出現乳房的發育，接著是陰毛生長，最後是初經來潮。男孩則首先出現睪丸增大，接著是陰莖成長及陰毛生長。

病情分析二

性早熟是有醫學判定標準的

青春期開始，一般女孩平均年齡為十歲半；男孩則為十一歲半。而性早熟（precocious puberty）的定義則是：男孩在九歲，女孩在八歲前，出現第二性徵。

引起性早熟的原因很多，從正常發育的變異，到一些危及生命的疾病都有可能。可大致分為中樞型性早熟（Central precocious puberty, CPP）、週邊型性早熟（Peripheral precocity）及良性青春期變異（Benign or nonprogressive pubertal variants）三大類。

一、中樞型性早熟

原因是上述提到的「下視丘—腦下垂體—性線軸」提早成熟。中樞型的最大特徵是，青春期發育時，外觀上的改變符合唐納分期的順序，且符合原性別（isosexual），也就是外觀變化和原性別相同。

大多數的中樞型性早熟，尤其是女孩，找不到原因，稱為特發性中樞型性早熟（Idiopathic central precocious puberty, ICPP）；少數則可能是因為腦瘤，或頭部接受過放療所引起，稱為病理性中樞型性早熟（Pathological central precocious puberty, PCPP）。此外，患童身高短時間內會加速生長，且骨齡提前。

二、週邊型性早熟

原因是從性腺、腎上腺或外來的性荷爾蒙，甚至是生殖細胞瘤釋放的性腺激素（gonadotropin）所造成。特徵為性荷爾蒙上升及性腺激素下降。重點是外觀上的改變，不一定符合唐納分期的順序；可以符合原性別（isosexual）或不同於原性別（contrasexual）。

女孩常見的原因有卵巢囊腫（ovarian cyst）及卵巢腫瘤；男孩常見的原因則有睪丸間質內細胞腫瘤及生殖細胞瘤。男女孩皆可能出現的情形則有甲狀腺機能低下症、腎上腺病變、纖維性骨失養症（McCune-Albright syndrome）、外來的性荷爾蒙甚至是塑化劑等。

三大類性早熟原因比較表

	良性青春期變異	中樞型性早熟	週邊型性早熟
唐納分期	3 到 6 個月內無變化	3 到 6 個月內進展到下一分期	持續進展
生長速度	和骨齡吻合	加速（>6 公分 / 年）（如未合併生長激素缺乏）	加速（如未合併生長激素缺乏）
骨齡	正常或稍為超前	超前	超前
雌二醇（女孩）	青春期前濃度	青春期前到青春期之濃度	增加
睪固酮（男孩或男性化的女孩）	青春期前濃度	青春期前到青春期之濃度	青春期之濃度且持續增加
基礎黃體刺激素	青春期前濃度	青春期之濃度	低下或青春期前濃度
性腺激素釋放素刺激試驗	青春期前高點	青春期之高點	無變化或青春期前高點

三、良性青春期變異

特徵是原因不明而早期出現部分的第二性徵，重點是不會接著出現進行性的青春期發育現象，骨齡也無提早的徵象；但是一定要持續追蹤，以確認真的不會青春期發育一直在進行！

這種情形會發生的原因包含女孩的乳房早熟症（Premature thelarche）；以陰毛、體味及青春痘為表現，而男女孩都可能罹患的腎上腺早熟症（Premature adrenarche）等。右頁列表，簡單比較三大類性早熟，給爸爸媽媽們參考。

病情診斷 謹慎停看聽，找出性早熟真正原因

一、初步的檢查

若懷疑孩子有性早熟的情形，初步的檢查包括病史、身體檢查、性成熟度的唐納分期及骨齡等。

病史重點包含何時開始性徵變化；家族成員青春期何時開始；有無成長加速、頭痛、行為或視力改變；抽筋發作；腹痛；之前有無腦部疾病或外傷；有無內服或外用性荷爾蒙藥物；以及有無接觸塑化劑等。

身體檢查要注意身高、體重、身高增加速度、視野、皮膚的咖啡牛奶斑（café-au-lait spots）等。

性成熟度的唐納分期，主要是以女孩的乳房發育、男孩的外生殖器發育（尤其是睪丸體積）及男女孩的陰毛發育程度，去作出客觀性成熟度的評估。至於骨齡判讀上，如果骨齡大於實足年齡（chronological age）兩個標準差以上，比較有可能是中樞型性早熟或週邊型性早熟，而不是良性青春期變異。

二、實驗室檢查

初步實驗室檢查，包含基礎黃體刺激素、基礎濾泡刺激素、雌二醇及睪固酮。萬一初步檢查異常，或檢查結果和臨床不相吻合，則須安排進一步檢查。

進一步實驗室檢查，則包含性腺激素釋放素刺激試驗、硫酸脫氫表雄酮（Dehydroepiandrosterone sulfate, DHEA-S）、17 - 氫氧基黃體素（17-hydroxyprogesterone, 17-OHP）、人絨毛膜促性腺激素（Human chorionic gonadotropin，hCG）、促甲狀腺激素（thyroid-stimulating hormone, TSH）等。

三、影像學檢查

所有的男孩及六歲前的女孩，若是中樞型性早熟，皆須接受腦部核磁共振檢查。週邊型性早熟的女孩，需接受骨盆腔超音波檢查。懷疑是睪丸腫瘤的男孩，需接受睪丸超音波檢查。男女孩懷疑是腎上腺問題者，則需接受腎上腺超音波檢查。

性早熟併發症

一般女孩的成長激進期（Growth spurt），比男孩大約早兩年發生；而性早熟兒童的成長激進期會提早出現，使得短期之內身高成長速度增加，但是接著反而造成生長板提早關閉，並且停止生長，最後造成成人身高比預期身高矮！

此外，過早出現的第二性徵，會使兒童成為被嘲笑、戲弄的對象！可能因此出現心理健康問題，甚至是憂鬱症。女童提早月經來潮，不論在心理上、身體上或生活自我照顧上，也會遇到許多適應問題。

整體療法

醫療介入與生活改造，成功延緩性早熟

一、切記回診追蹤，確認青春期發育是否仍持續

在治療方面，原則上良性青春期變異的孩童不需接受治療；但是重

點是需要持續回診追蹤，以確認沒有青春期發育持續進行！

1. **週邊型性早熟的治療對策：**週邊型性早熟的患童，則要看是從性腺、腎上腺或外來的性荷爾蒙，甚至是生殖細胞瘤釋放的性腺激素所造成，而給予不同的處理與治療。

例如睪丸、腎上腺或是卵巢的腫瘤，需用手術治療；先天性腎上腺增生症（congenital adrenal hyperplasia）則需以藥物治療；如果是誤用含性荷爾蒙的藥物或藥膏，則要立刻停用！

近年來，塑化劑造成的週邊型性早熟患童越來越多，也必須盡快找出可能來源，避免持續曝露在塑化劑下，並且加速排出體外。

2. **中樞型性早熟的治療對策：**中樞型性早熟患童在治療前，要先排除腦瘤或腦部疾病等少見情況（即病理性中樞型性早熟）所引起；這些少見情況要根據不同病症，而給予不同的治療。

不過大多數的中樞型性早熟，尤其是女孩，找不到任何原因，稱為特發性中樞型性早熟，這是臨床上最常見的類型，治療方式為給予性腺激素釋放素促進劑（gonadotropin-releasing hormone agonist, GnRH agonist）。

治療原理簡述如下：在正常生理的情況下，腦部下視丘會脈動性的釋放性腺激素釋放素；如果持續給予性腺激素釋放素促進劑，則反而會使腦下垂體中的促性腺激素細胞（gonadotroph cells）去敏感化（desensitization），導致性腺激素抑制分泌，進而使得性荷爾蒙減少分泌，這稱為「垂體—性腺軸抑制」（pituitary-gonadal axis suppression）。

給予性腺激素釋放素促進劑的治療方式，目前健保給付規範除要符合中樞型性早熟外，還訂有限定條件；就算是上述疾病，但不符條件的兒童也不給付。

一般來說，性早熟出現時年紀較小，及性早熟過程較快速的兒童，生長板會加速關閉並且停止生長，因此對於性腺激素釋放素促進劑的治療獲益最大，未來預期身高增加也會越多。

二、預防性早熟的十一種日常生活注意事項

如果能做到下列日常生活注意事項，對於性早熟能起預防及治療的作用。

1. **睡眠要充足：**有研究顯示，中樞型性早熟及週邊型性早熟的患童，平均比一般兒童晚睡[1]。

2. **運動：**一項根據少女芭蕾舞者的研究顯示，運動可延緩乳房發育及初經出現時間[2]。

3. **適度曬太陽：**如果從食物已攝取到足夠維生素D，還必須經過皮膚紫外線B（UVB）的照射後，才能轉化為活性維生素D_3。而有研究顯示：中樞型性早熟患童，體內活性維生素D較低[3]。

4. **避免含咖啡因飲料：**美國大規模前瞻性研究顯示，咖啡因會使初經提早的風險增加[4]。

5. **減少代糖（人工甘味劑）及糖分攝取**：研究顯示，含代糖的飲料也會使初經提早的風險增加[4]。甚至常喝含糖飲料的女孩，比起少喝的女孩，統計顯示初經平均會提早二・七個月[5]。

6. **避免肥胖**：大規模統合分析（**meta-analysis**）指出，肥胖確實會使得青春期提早出現[6]！所以維持適當體重，可以減少性早熟機會。值得注意的是，肥胖兒童若是不當的節食，會影響生長發育，須尋求專業協助減重。

7. **少吃垃圾食物**：根據一大規模橫向研究（Cross-Sectional Study）指出，平日多吃甜點、零食、含糖飲料、油炸食物等垃圾食物的兒童，性早熟機會比一般兒童增加[7]。

8. **謹慎使用轉骨方**：許多轉骨方或調理身體的藥方，內含性激素（性荷爾蒙）成分。如果在青春期之前服用，短期之內身高成長速度確實會增加；但是接著孩子就會出現性早熟跡象，最後反而可能使骨齡提早成熟，造成生長板提早關閉並且停止生長，不可不慎！

9. **避免塑化劑：**塑化劑在孩童最大的危害之一，是造成性早熟。不但動物實驗早已確定結果，台灣學者的臨床研究也證明如此[8]。性早熟如上所述，可能使生長板提早關閉，孩子接著就會停止生長。

近年來，門診遇到的性早熟孩子越來越多，而其中部分患童做了很多檢查，都找不到潛在原因，這時就要考慮檢測塑化劑。塑化劑通常會添加在食品和飲料的包裝材料、醫療器材及耗材、香水、髮膠、化妝品、建材、建築塗料、木材防護漆、伸縮管、電線電纜絕緣層、潤滑劑、洗髮精及沐浴乳等，可說是無所不在，防不勝防！

10. **避免潛在雌激素曝露：**如果誤用含性荷爾蒙的藥物或藥膏，則要立刻停用。此外下列食物，可能有潛在雌激素曝露問題，最好能避免：雞脖子、鴨脖子、雞皮、大量豆漿或黃豆製品、蠶蛹、魚子、蟹黃、山藥及蜂王漿等。

11. **避免情色視覺刺激：**兒童觀看成人限定的色情影片或小說，經由視覺刺激下視丘的性慾中樞，會誘發產生性早熟現象。

預防性早熟的日常生活

睡眠充足

適度運動

適度曬太陽

避免含咖啡因飲料

減少糖分攝取

維持適當體重

少吃垃圾食物

謹慎使用轉骨方

避免接觸塑化劑

避免環境荷爾蒙曝露

避免情色視覺刺激

性早熟的不開藥處方箋

對於性早熟能起預防及治療加分作用的營養素有：

①**益生菌**可以逆轉，因壓力荷爾蒙上升造成的性早熟[9]。

②一份針對華人性早熟女孩的研究指出：**石榴**（Pomegranate）對於性腺激素釋放素促進劑的治療，有加乘作用[10]。

③性早熟女孩一般體內**褪黑激素**較低[11]。

④**魚油**可以使第一次排卵延後出現[12]。

⑤石榴對性早熟治療有加乘效果，是因為**鞣花酸**的抗氧化作用[13]。

⑥性腺激素釋放素促進劑的治療性早熟期間，要補充**鈣**，以防止骨質減少[14]。

效果見證

嚴格控管手機、戒糖、運動等生活習慣大改造，補充鈣、魚油等營養素

怡芬在七歲前，就出現第二性徵，這無疑就是性早熟。我檢視了怡芬媽媽手機裡的紀錄及病歷資料，確定怡芬就是屬於最常見的特發性中樞型性早熟。

她的父母親身高分別為一百七十公分及一百六十公分，如果以父母身高的遺傳身高（Mid-Parent Height）公式計算，她的預期身高會是一百五十九・五公分。

（170 ＋ 160 － 11）/2=159.5

她現在八歲，身高一百三十公分。雖然目前在同班中屬於中間偏高那群，不過因為骨齡超前了三歲，用骨齡換算起來，成人身高會不到一百五十公分，也難怪媽媽這麼擔心（請參見拙作《兒科好醫師最新營養功能醫學》或是下方 QR Code）！

她的體重四十公斤，比絕大多數班上同學都重，再加

身材矮小的原因與診斷

上明顯的胸部發育，讓她成為班上同學嘲笑的對象；不過相對的，這也成為她願意改變生活型態，全力配合治療的重要關鍵因素。

1. **改善睡眠品質：**仔細檢視她的生活，發現她有輕微沉迷手機的現象，以致於晚上常常拖到十一點半才上床，上床後也常過了很久才睡著。

其實擁有充足的睡眠，對腦內的性腺激素釋放素的調節非常重要；對於孩子的身高發展，也是非常關鍵的影響因素。

我請父母親讓她務必每天要在十點就寢，並且下載手機控管軟體，嚴格管制每日使用時間，每天不得超過一小時。同時在睡前兩小時以內，不得使用手機，以免影響睡眠品質。另外睡前建議她補充鎂離子，以增進睡眠品質。

2. **低糖、低油的營養餐食且運動曬太陽：**她平時除了體育課，幾乎沒有在運動。因為沒有運動，加上上下學父母開車接送，所以也幾乎曬不到太陽。

還有她習慣每天會喝一杯全糖珍珠奶茶，每週還會吃一到兩次的鹽酥雞。

我請爸爸媽媽務必每天帶她去戶外至少運動一小時以上！但是，晚上睡前四小時內不宜運動，以免交感神經興奮影響睡眠。她喜歡溜直排輪，運動就以直排輪為主，這樣運動才能持之以恆；溜直排輪還可以順便曬太陽，加速製造活性維生素D。運動除了可以使她延緩初經，也會促進分泌生長激素。

運動完如果想吃點心，熱量別超過一百五十大卡，且盡量在下一次正餐前二小時吃完。重點是從原來的珍珠奶茶及鹽酥雞，改成低油、低糖又營養的健康點心，例如鮮奶、低糖優酪乳、低糖綠（紅）豆湯、低糖優格、低糖豆花、水煮玉米、蘋果、芭樂、地瓜、蘇打餅乾及雜糧麵包等，以免空熱量攝取太多，影響正餐食慾。

3. **避免並排除塑化劑**：她的塑化劑檢測，不意外地鄰苯二甲酸二辛酯（Di-〔2-ethylhexyl〕phthalate, DEHP）過高，這當然和她每天一杯珍奶所用塑膠杯有關。請她停止每天一杯全糖珍珠奶茶的習慣，並多喝水及多吃十字花科蔬菜，並且幫她另外補充芥蘭素以加速排除。再追蹤時，數值已明顯下降。

4. **補充鈣片及其他營養素：**她的營養素檢測結果，顯示ω－3脂肪酸偏低，因此另外給予補充。此外，再加上益生菌，以延緩性早熟；並且建議她補充鈣片，以預防因為性腺激素釋放素促進劑的治療性早熟期間，可能造成的骨質減少。

她小一到小三，每年約長高七・五公分，比一般孩子的五公分要快；但是經過以上的生活及飲食調理，這兩年每年平均長五公分，體重也只增加了兩公斤。重點是：骨齡從超前三年，變成只提前一年半，預期成人身高也增加了五公分！有了實際的成果，媽媽很高興，也不再像之前一般的憂心。

CH5

氣喘

看小孩呼吸急促又胸悶 讓大人心驚驚

診斷　治療

昱凱自從兩歲以後，沒有來由的突發性氣喘發作，次數已經多到難以計數，媽媽早就習以為常；其中甚至有幾次，呼吸困難到需要轉加護病房！才四歲半的他，也對門診和病房的常規，早就熟門熟路了。

昱凱在門診時有呼吸急促、輕微發紺（身體缺少氧氣，導致嘴唇及四肢指端呈現紫色）、喘鳴聲、呼吸時使用輔助肌肉、肋凹及頸凹等現象，在吸完噴霧治療器噴出的短效型$\beta 2$腎上腺素受體激動藥後，症狀有大幅緩解。

病情分析一

八成氣喘兒在五歲前就開始出現症狀

氣喘是許多國家最常見的小兒慢性病之一。據台灣氣喘衛教學會發布資料顯示：台灣地區七至十五歲兒童的氣喘盛行率，從一九七四年的一・三%，上升至二〇一七年的十二至十四%，讓人怵目驚心！

幾歲會開始出現氣喘？八成以上的氣喘兒童，在五歲前開始出現症狀。嬰幼兒常見誘發過敏的食物有蛋白、牛奶，食物類過敏原通常在八個月大左右致敏；而吸入性過敏原致敏，要到兩歲才開始。嬰兒的過敏體質，表現為腸絞痛及異位性皮膚炎，較大後才以過敏性鼻炎或氣喘來表現。雙親若有過敏或氣喘病史，小孩氣喘機會就會大幅提升。

氣喘症狀最主要以咳嗽及喘鳴聲（wheezing）為主，此外也可能有呼吸困難、胸悶、胸部壓迫感及胸痛。如果常夜間發作，造成睡眠不好，就會造成白天倦怠及課業表現差。

氣喘造成的咳嗽，特徵有夜咳、季節復發性咳、曝露在特定因素下咳（如冷空氣、空污、運動、大笑或過敏原等），及持續超過三週以上咳嗽。氣喘造成的咳嗽，不一定會合併喘鳴聲；大多為乾咳，有時會有透明白色的痰。

兒童醫學小教室

什麼是喘鳴聲？

喘鳴聲為一種高頻類似口哨的聲響，產生原因是空氣被用力呼出狹窄的氣道時所造成；因肺部各氣管不均勻的狹窄，故造成喘鳴聲有不同的音高。不過，如果嚴重狹窄到空氣難以進出，則不一定可以聽到喘鳴聲。

病情分析二　認識多種誘發氣喘的因素

當接觸到特定的誘發因素，包含刺激原或過敏原時，通常會在數日內誘發氣喘急性發作。有時甚至能立刻引起嚴重發作，甚至威脅生命！

下列是常見的誘發因素：

1. **呼吸道感染：**各年齡層誘發氣喘急性發作最常見的原因，其實就是感冒（上呼吸道感染）！許多人一感冒就劇烈夜咳數週，合併白色痰液且沒發燒，其實極可能就是氣喘急性發作！

   造成呼吸道感染最常見的病毒有：鼻病毒、流感病毒及呼吸融合病毒；此外，慢性鼻竇炎、黴漿菌及披衣菌感染則會惡化氣喘發作。所以剛開學後，學童因互相群聚感染，會誘發一波氣喘急性發作。

2. **運動：**高達九成的氣喘兒，曾被運動誘發氣喘急性發作。而兒童氣喘，有可能平時都正常，只在運動時氣喘發作。典型症狀有呼吸急促、胸悶及咳嗽。患童通常在劇烈運動六到八分鐘後出現，最危險的時間為最初出現症狀的十分鐘內！而通常在三十至四十五分鐘內會恢復正常的呼吸及肺功能。

3. **氣候：**冷空氣、炎熱、潮濕、大氣壓改變、雨天、雷雨或是風，都有可能是氣喘急性發作的誘發因素。

4. **菸草：**二手菸是造成兒童氣喘的最大元凶之一。

5. **過敏原：**常見者有塵蟎、蟑螂、灰塵、狗毛、貓毛、蝦、蟹、草粉、花粉及黴菌等。因花粉引起的氣喘，通常在早春出現；潮濕的雨季，則易出現對黴菌或塵蟎過敏患者發病。這些過敏原除誘發氣喘外，還可能引起過敏性鼻炎、過敏性結膜炎及過敏性皮膚炎急性發作。

6. **刺激原：**空污霧霾、清潔劑、香水、傢俱產生的甲醛及苯、食物漂白劑中的亞硫酸鹽（Sulfite）、油漆等。

7. **壓力：**壓力會造成心理、行為及生理的變化，而誘發氣喘發作或惡化。

8. **個人或家族過敏病史：**氣喘患者常有個人或家族過敏病史，諸如過敏性結膜炎、過敏性鼻炎、異位性皮膚炎、食物過敏等。

慢性氣喘可以大致分為三大臨床表現方式：①平日無症狀及急性發作期、②平日有症狀及急性惡化期、③清晨出現症狀，白天漸緩解。

值得注意的是，氣喘患者的身體檢查，在平時氣喘未發作時，可以完全正常！急性發作時，可以發現呼吸急促、缺氧、喘鳴聲、呼吸時使用輔助肌肉、肋凹、頸凹、吐氣期增加等。此外，也可能在身體檢查合併發現有過敏性結膜炎、過敏性鼻炎、異位性皮膚炎等。

病情診斷一

病史、身體檢查及肺功能等為確診依據

患童如果有間歇或慢性的典型氣喘症狀，加上急性發作時有喘鳴聲，就要高度懷疑是氣喘，但是確認診斷還要加上以下三項：①肺功能檢測結果確認，出現有變化的吐氣氣流受阻；②有證據顯示可逆性的氣道阻塞；③已排除掉其他可能診斷。

如果肺功能檢測有氣道阻塞現象，加上吸入支氣管擴張劑後，立刻逆轉阻塞現象，大概就可診斷是氣喘。但是如果是肺功能正常、無法接受肺功能檢測、或是在急性氣喘發作時，無法用吸入支氣管擴張劑逆轉阻塞現象等狀況，此時尚無法完全排除不是氣喘，這時建議先試一

段時間的氣喘藥物，看能否改善症狀。萬一氣喘藥物無法改善症狀，則要考慮進行支氣管激發試驗（bronchoprovocation test）。

一、以肺部功能檢測為主

肺功能檢測是診斷氣喘的主要方式，但是通常五歲以上兒童才建議施行。主要是檢測用力肺活量（Forced vital capacity, FVC）及用力呼氣一秒量（forced expiratory volume in one second, FEV1）。氣道阻塞的定義是根據兩項結果：FEV1小於預測值八十%，及FEV1/FVC比值小於預測值八十五%。而各不同年齡、性別、身高及種族各有不同的預測值。

根據FEV1及FEV1/FVC比值，加上臨床嚴重度表現，可再把氣喘分成間歇性、輕度持續性、中度持續性及重度持續性氣喘。

兒童醫學小教室

小於五歲氣喘兒的鑑別診斷

小於五歲的族群，很難接受肺功能檢測，原因在於缺少一定程度的理解力及配合能力。如果有間歇或慢性的典型氣喘症狀，加上急性發作時有喘鳴聲，就要懷疑可能是氣喘。

此外，若給予短效型β2腎上腺素受體激動藥（short-acting beta agonists）吸入後，症狀可緩解，就要高度懷疑是氣喘。但是此族群常因病毒感染，造成反覆發作喘鳴聲，易和氣喘發作混淆，通常此現象會在五歲後消失。

二、其他輔助檢測

通常靠病史、身體檢查及肺功能測試就可以診斷氣喘，輔助檢查則可用來和其他疾病作區別及找尋共病。

1. **過敏原測試：**如有檢驗到過敏原，則肺部症狀有可能是因為氣喘所造成。

2. **支氣管激發試驗：**懷疑為氣喘，但肺功能檢查正常，且對氣喘藥物無效，可考慮做此測試，不過此檢查有誘發嚴重氣喘發作的風險。

3. **胸部X光片：**用以確認排除心肺先天性異常、吸入性肺炎或顯示典型氣喘變化。

4. **上腸胃道攝影：**排除胃食道逆流、血管環等。

氣喘的鑑別診斷上，當出現急性喘鳴時尚須考慮：細支氣管炎及異物吸入；慢性喘鳴則須考慮氣管軟化症（Tracheo-bronchomalacia）、胃食道逆流、血管環、氣管狹窄、縱膈腔腫瘤（mediastinal tumor）、聲帶功能異常、氣管食道瘻管（Tracheoesophageal fistula）等。

病情診斷二　區分氣喘的嚴重程度是治療的重要指標

昱凱上一次的過敏原檢測顯示，他對塵蟎和狗毛有嚴重過敏。事實上，從兩歲開始，除了急性期治療外，他平時就吃保養用的白三烯素拮抗劑，有時還要加上茶鹼或口服類固醇，但是仍控制不佳。

屬於中度持續性氣喘的他，因為年紀太小，難接受肺功能檢測外，也無法使用吸入性類固醇，治療上相當棘手。

初次診斷的氣喘病患，首先要區分為不同嚴重程度，再開始給予治療；已經在使用氣喘控制藥物的患者，則根據氣喘控制的情況，而非嚴重程度，去調整藥物。

氣喘病患靠下列三大因素，以區分為不同嚴重程度：①就診前二到四週氣喘症狀；②目前肺功能狀況；③前一年急性氣喘發作，嚴重到需要口服類固醇的次數。以此區分為間歇性、輕度持續性、中度持續性、重度持續性，再分別給予一階、二階、三階或四階的治療。

每隔四到六週，再回診評估一次，根據氣喘控制的情況，去升階或降階調整藥物。四歲以下較小病患，處置原則也類似於此。

氣喘依不同嚴重程度，給予的藥物也不盡相同，簡單介紹如下：

1. **間歇性氣喘的藥物治療：**傳統建議是在症狀出現時，才給予短效型β2腎上腺素受體激動藥（short-acting beta agonists）吸入。但是自二〇一九年起，全球氣喘創議組織（Global Initiative for Asthma, GINA）建議需要時，改成使用低劑量類固醇加上長效型β2腎上腺素受體激動藥吸入。如果病患是確定在接觸某些特定刺激原（例如運動）後，會誘發發作，則建議在接觸特定刺激原前十分鐘，先給予預防性的短效型β2腎上腺素受體激動藥吸入。
2. **輕度持續性氣喘的藥物治療：**建議每天給予低劑量吸入性類固醇，或者每天給予口服白三烯素拮抗劑（leukotriene receptor antagonists）、茶鹼（Theophylline）或色甘酸鈉（Sodium Cromoglycate）。另外也建議症狀出現時，或接觸特定刺激原前十分鐘，先給予預防性的短效型β2腎上腺素受體激動藥。
3. **中度持續性氣喘的藥物治療：**建議每天給予低劑量吸入性類固醇加上長效型β2腎上腺素受體激動藥（long-acting inhaled beta

agonist, LABA），或者中劑量吸入性類固醇。另外也可使用低劑量吸入性類固醇，加上口服白三烯素拮抗劑或茶鹼。

4. **重度持續性氣喘的藥物治療**：建議每天給予中或高劑量吸入性類固醇加上長效型β2腎上腺素受體激動藥，也可再加上給予口服白三烯素拮抗劑。如仍控制不佳，考慮給予口服類固醇，或者是抗E抗體療法（anti-IgE therapy）及抗介白素單株抗體療法（Monoclonal antibodies against interleukin-5,IL-5）。

整體療法 要成功治療氣喘，必須面面俱到

要成功治療氣喘，分為五大面向：一、例行監測氣喘症狀及肺功能；二、病患對疾病的瞭解；三、控制環境因素及避免刺激原；四、居家環境清潔、身心壓力及特殊藥物使用；五、藥物治療；六、補充營養

素（見「氣喘的不開藥處方箋」），都很重要。

一、例行監測氣喘症狀及肺功能

要例行監測氣喘症狀及肺功能，不能等到嚴重不適再去急診。要想成功戰勝氣喘，必須是預防急性發作重於治療急性發作！包括紀錄就診前數週氣喘症狀嚴重度、居家肺功能（**peak expiratory flow rate, PEFR**）記錄表、定時回診及醫院肺功能檢測（FEV1, FEV1/FVC）。病童家長應學習在家監測氣喘症狀，諸如呼吸困難的頻率及嚴重程度、咳嗽、胸悶。並練習在急性發作時，使用短效型 $\beta 2$ 腎上腺素受體激動藥吸入。

五歲以上中重度病童或較無法自覺症狀者，要有能力居家使用尖端呼氣流量測速計（peak expiratory flow rate meter, PEFR meter）及其變異性（variability）來監測氣喘。

二、積極配合醫院衛教，有助達到最大療效

大多數醫院皆有專屬氣喘衛教師，提供病患一對一的衛教服務，須積極配合治療，才能達到最大效果。

三、辨認且避免誘發氣喘的環境因素及刺激原是成功關鍵

能夠辨認並避免誘發氣喘發作的刺激原，是成功控制氣喘的關鍵因素！常見的刺激原包括：二手菸、香水、空污、清潔劑、花粉、草粉、塵蟎、灰塵、蟑螂、黴菌孢子或寵物皮屑。

食物漂白劑中的亞硫酸鹽（Sulfite），可能誘發部分氣喘病患發作！宜避免含亞硫酸鹽食物，包括：乾燥金針、乾燥白木耳、紅棗、枸杞、脫水蔬菜及水果、蝦類、貝類。

四、居家環境清潔、身心壓力及特殊藥物使用

居家環境要特別注意：有無二手菸曝露、室內有無飼養寵物、衛浴有無發黴、床墊是否老舊、有無地毯及厚重窗簾、床上有無毛毯及絨毛玩具、寢具多久清洗一次等。

但有一些刺激原是難以主動避免的，諸如：感冒、體能鍛鍊、荷爾蒙波動、極端的情緒、壓力等。二〇一八年一篇研究顯示：靜坐冥想可藉由降低感受到的壓力，而減少使用短效型β2腎上腺素受體激動藥的頻率。

非選擇性β受體阻斷劑（Non-selective beta-blockers），就算是從眼藥滴劑型式給予（例如治療高眼壓的滴目露，timolol），仍有可能誘發嚴重氣喘發作！此外少部分病患，氣喘會被阿斯匹靈或非類固醇消炎藥誘發，使用這些藥物時，要特別小心！

另外，氣喘病患得到流感及肺炎鏈球菌，易出現嚴重併發症，所以接受疫苗注射很重要。

五、藥物治療的目的是讓氣喘症狀能獲得控制

藥物治療是目前氣喘治療的基柱。治療大原則是採取逐步的方式，先增加治療藥物直到氣喘獲得控制，接著可能的話，再減少藥物，以把

副作用降到最低。

常見對氣喘用藥效果欠佳的原因通常是因為未按時使用藥物、過度濫用短效型 $\beta 2$ 腎上腺素受體激動藥、錯誤使用吸入器型藥物及共病（例如慢性鼻竇炎、胃食道逆流）等。

用氣喘吸入劑型藥物，對許多人心理上會有帶負面的污名效果（stigma effect），以至於許多患者接受度不高，而造成遵照醫囑性不佳，影響治療效果。但是事實上，無論是哪一種吸入治療方式，都比嚴重氣喘發作時，給予口服或注射類固醇，來得副作用少很多。

氣喘的整體療法目標有減緩症狀、減少住院、減少失去肺功能及減少藥物副作用。顯然昱凱只接受藥物治療時，並未達到這些目標。

氣喘的不開藥處方箋

氣喘簡單來說，就是一種下呼吸道的長期慢性發炎。營養醫學已有許多研究證實，許多營養素可以改善此種長期慢性發炎，進而減緩，甚至治療氣喘。

如果想另外補充營養素，可以視孩子狀況先考慮鋅、魚油、維生素D、β-胡蘿蔔素、維生素E及益生菌；有助益的營養素條列如下：

①急性氣喘發作時，標準治療加上補充**鋅**，可以較快減緩嚴重度[1]。

②氣喘患者體內各種類胡蘿蔔素，諸如**茄紅素**、**葉黃素**、**β-胡蘿蔔素**等皆過低[2]。

③補充**乳清蛋白**，可藉增加體內**穀胱甘肽**，而改善氣喘[3]。

④嚴重氣喘患者，常合併**維生素D**不足[4]。

⑤**γ-生育三烯酚**（維生素E的一種），可以緩解塵蟎造成的氣喘[5]。

⑥**茶胺酸**可抑制氣喘造成的氣道發炎[6]。

⑦**牛磺酸**可減緩抗原造成的呼吸道過敏症狀[7]。

⑧大豆中富含的**金雀異黃酮**（Soy genistein），可藉抑制白球三烯生成，而減緩氣喘嚴重度[8]。

⑨**水飛薊素**（Silymarin）中的主成分水飛薊賓可減緩過敏性的呼吸道發炎[9]。

⑩**黃芩**（Scutellaria baicalensis）可有效降低香菸造成的呼吸道發炎[10]。

⑪**迷迭香**（Rosmarinus officinalis）對標準治療效果不彰的氣喘病患，有舒緩症狀效果[11]。

⑫**白藜蘆醇**可以藉由調控基因表現，而減緩氣喘患者的肺部發炎[12]。

⑬**槲皮素**可以幫助快速減緩氣喘患者的氣管平滑肌收縮，而減少依賴使用短效型β2腎上腺素受體激動藥[13]。

⑭普遍存在於天然植物中的**植物固醇**（plantsterols/stanols），可有效改善氣喘患者的免疫功能[14]。

⑮病患氣喘急性發作前後，**鉀離子**都偏低[15]。

⑯**西番蓮**（Passiflora incarnata）葉子萃取物有抗氣喘作用[16]。

⑰二〇一九年最新研究顯示：血中**3-3脂肪酸**（Omega-3 fatty acids）較高，可減少氣道過敏風險。特定**3-6脂肪酸**（Omega-6 fatty acids）較高則相反[17]。

⑱**齊墩果酸**可降低氣喘造成的氣管發炎反應[18]。

⑲氣喘患者，若體內**錳**及**維生素C**不足，則較易出現症狀[19]。

⑳**鎂**可以做為急性氣喘發作的輔助療法，也可用於預防氣喘發作[20]。

㉑**茄紅素**以其抗氧化作用，可以改善氣喘患者的氣管發炎[21]。

㉒**檸烯**可降低氣喘患者的氣管過度敏感，及氣管發炎反應[22]。

㉓**5-羥色氨酸**可抑制氣喘的免疫發炎反應[23]。

㉔氣喘患者若體內**鐵**不足，則肺功能較差[24]。

㉕哺餵母乳的母親，若另外補充**碘**，可預防嬰兒出現氣喘及過敏性疾病[25]。

㉖**葡萄籽**（Grape Seed）萃取物，可減緩氣喘的氣道過敏性發炎現象[26]。

㉗**甘草甜素**可以改善氣喘的慢性組織變化[27]。

㉘**穀胱甘肽**可以預防早期氣喘反應及呼吸道過度反應[28]。

㉙**麩醯胺酸**對包括氣喘在內的呼吸道疾病有益[29]。

㉚**人蔘**（Ginseng）可降低氣喘造成的氣管發炎反應[30]。

㉛**銀杏**（Ginkgolide B）可藉由改變細胞訊息傳遞，而改善氣喘[31]。

㉜**薑**（Ginger root）可改善氣喘患者的呼吸道過度反應[32]。

㉝**果寡糖**可改善塵蟎誘發的氣道發炎反應[33]。

㉞**益生菌**加上**益菌生**（prebiotics）的混和物**共生質**（synbiotics），可減少氣喘兒的上呼吸道感染次數[34]。

㉟氣喘兒體內若**葉酸**較低，則氣喘較難控制[35]。

㊱蔬果內富含的**類黃酮**（Flavonoids）或稱**生物類黃酮**（Bioflavonoid），對減緩氣喘症狀有效[36]。

㊲**葫蘆巴籽**（Fenugreek Seed）對輕度氣喘有治療功效[37]。

㊳綠茶中富含的**表沒食子兒茶素沒食子酸酯**，可降低氣喘造成的氣管發炎反應[38]。

㊴存在於天然莓果的**鞣花酸**，可以抑制氣喘的過敏性氣道發炎反應[39]。

㊵**薑黃素**可改善氣喘患者的肺功能[40]。

㊶氣喘患者補充**輔酶**Q_{10}，可以減低類固醇的用量[41]。

㊷咖啡中富含的**綠原酸**可減少氣喘氣道的過敏反應[42]。

㊸蛋中富含的**膽鹼**，可改善氣喘病患發炎反應及降低體內氧化壓力[43]。

㊹**辣椒**（Capsicum annuum）可改善氣喘的氣管發炎反應，及降低體內氧化壓力[44]。

㊺氣喘兒體內**維生素A**顯著較低[45]。

㊻中度持續性氣喘兒補充**肉鹼**，可顯著改善肺功能[46]。

㊼氣喘病患體內**鈣**離子（ionized calcium）較低[47]。

㊽**印度乳香**（Boswellia serrata），可藉由抑制白球三烯合成，而治療氣喘[48]。

㊾**琉璃苣**（Borago officinalis）可改善中度持續性氣喘患者臨床症狀[49]。

㊿藍莓中富含的**紫檀芪**（Pterostilbene），可預防氣喘被誘發[50]。

(51)**天門冬氨酸**及**鎂**，可在急性氣喘發作時，讓收縮的平滑肌放鬆[51]。

52 補充**精胺酸**可使呼吸道內皮細胞一氧化氮上升，進而緩解氣喘[52]。

53 **穿心蓮**（Andrographis paniculata）可藉由影響細胞訊息傳遞，而治療氣喘[53]。

54 **亞麻籽油**中富含的**α-次亞麻油酸**，可改善氣喘的氣管發炎反應，及降低體內氧化壓力[54]。

效果見證

避開狗毛、塵蟎、二手菸等居家過敏原，加強個人衛生習慣

昱凱年紀太小，平日無法使用尖端呼氣流量測速計，只能依靠媽媽敏銳的觀察及記錄，諸如呼吸困難的頻率及嚴重程度、咳嗽等現象，去監測他的氣喘病程。

媽媽也早就能辨識發紺、喘鳴聲、呼吸時使用輔助肌肉、肋凹及頸

凹等身體檢查的異常現象，發現異樣就帶他儘速就醫。他們家裡幾年前就買了噴霧治療器，遇有喘鳴發作，可以及早先給予吸入型短效 $\beta 2$ 腎上腺素受體激動藥，以做第一線處理。

1. **避開狗毛、塵蟎、二手菸等居家過敏原：**昱凱的爸爸，為了不讓昱凱因為吸入二手菸，而誘發氣喘發作，早就戒菸了。

不過他們養了多年的柴犬，卻不忍轉送；可是昱凱對狗毛及塵蟎嚴重過敏，狗毛皮屑又是塵蟎最好的食物。還好他們家住透天厝，我請他們至少務必做到：小狗只能在一樓活動、昱凱要和小狗玩耍前務必戴口罩、玩耍後務必洗手，以減少曝露在過敏原當中。

2. **不吃含漂白劑的食物：**雖然昱凱驗血報告只對塵蟎及狗毛過敏，但是還是請他避免食用一些潛在可能含有漂白劑的食物。因為漂白劑中的亞硫酸鹽（Sulfite），可能誘發部分氣喘病患發作！一般常見可能含有漂白劑的食物包括：乾燥金針、乾燥白木耳、紅棗、枸杞、脫水蔬菜、脫水水果、蝦類及貝類。

3. **使用防塵蟎寢具、毛毯及絨毛玩具要避免：**還有一些日常生活注意事項，請爸媽務必配合，包含使用防塵蟎寢具、兩週清洗一次寢具並用六十℃以上熱水燙過、家中不放地毯、床上不擺絨毛玩具及不用毛毯、避免食物殘渣滋生蟑螂。

4. **保持室內空氣清新、空污嚴重時最好減少外出：**我建議昱凱家室內使用空氣濾清器，並按時更換濾網，加上室內使用除濕機，使濕度小於五十％等。此外，這幾年空污嚴重，我請爸媽下載手機軟體，如果發現空污嚴重時，室內務必要開空氣濾清器；非必要不到戶外，非到戶外不可則要戴口罩。

5. **個人衛生習慣要加強，杜絕感冒以免誘發氣喘：**許多次昱凱的氣喘發作，都是被感冒誘發的。為了避免感冒，也請爸媽務必時時提醒他注意個人衛生，這是避免被傳染感冒的關鍵！包括常徹底洗手、不用手摸眼口鼻、疫情期間少出入公共場所、出入公共場所戴口罩、保持室內空氣流通、生活環境常清潔打掃等。

6.**保持生活作息正常、減少壓力、適度運動**：保持生活作息正常、減少壓力、適度運動等可以增加免疫力、預防感冒；而一旦氣喘發作時，也能較快緩解。

7.**補充不足的營養素，叮囑多吃蔬果**：昱凱經檢測發現，他的鋅、β-胡蘿蔔素、維生素D、維生素E及ω-3脂肪酸都不足，因此幫他另外補充。

此外，也建議他多吃帶皮的葡萄、洋蔥、檸檬、柳丁、蘋果、青椒、莓果、番茄等，以攝取其中的白藜蘆醇及槲皮素，來減緩昱凱的肺部發炎及氣管平滑肌收縮現象。

經過半年的生活及飲食營養素調理，最近三個月，已經沒有急性氣喘發作就診的紀錄了。

所以，急性期救命的類固醇針劑很久沒用了，平日口服的茶鹼及類固醇也停藥兩個月，目前只有吃保養用的白三烯素拮抗劑。因為沒用類固醇一段時間，過肥的臉蛋及凸凸的小肥肚，也都消失不見，儼然變成一位小帥哥了。

CH6

妥瑞氏症

常遭異樣眼光的妥瑞兒 需更多同理心

十三歲的智仁，在被帶來我的門診前，其實已經看過許多醫師了：他本來就有一點鼻子及眼睛過敏的問題，所以在兩年前，他剛開始出現常眨眼睛的時候，大家都直覺認為，應該是眼睛過敏造成的，並不以為意。但是，點了幾個月的眼藥水，症狀卻時好時壞，感覺總是好不了。

一年多前，他開始出現聳肩及扭脖子的動作。爸媽問他為何如此，他說是因為脖子不舒服。帶他去國術館，給整骨師「喬」了幾次，好像還是沒什麼差別。不過，長期眨眼的症狀，那時反而變得減少了。

雙親這時開始覺得不對勁，於是帶他四處求醫，做了許多檢查，結果都說是正常。有醫師說可能是妥瑞氏症，建議智仁服用藥物治療。剛開始確實很有效果，但是後來症狀又變得越來越嚴重。原本從睡前一顆藥，增加到了一天要吃三種藥。

媽媽一度擔心長期服藥會有副作用，曾自行停藥一段時間，結果狀況變得很糟，只能再繼續服用藥物。

這次帶來就診，除了是因為聳肩及扭脖子的動作持續外，還有就是這兩個月，開始經常會發出「啊啊」的怪聲音，讓他們頗感尷尬困擾。

病情分析 主要特徵為短暫反覆的特定間歇性動作或聲音

妥瑞氏症（Tourette syndrome）是一種神經系統的疾患，它的特徵，是所謂的習慣性抽動（Tics）：患者自小就會出現短暫反覆的特定間歇性動作或聲音（Motor or Vocal tics）。習慣性抽動雖然是不自主的抽動，但是可以有意識的暫時被壓抑下來。

妥瑞氏症的習慣性抽動的間歇性動作（Motor tics），可分為單純及複雜型：單純型包括眨眼睛、做鬼臉、聳肩及甩頭等；複雜型則包含一序列的協調動作，例如奇怪的步態、踢的動作、跳的動作、身體打轉、抓撓、誘人或淫穢的姿勢。

妥瑞氏症習慣性抽動的間歇性怪聲音（Vocal tics），可以是單純的單音，到發穢語（coprolalia）、重複他人所說的辭彙（echolalia），到語言重複症（palilalia）。

習慣性抽動有幾個特徵，像是時好時壞、無法抗拒的前兆的衝動（premonitory urge）去做習慣性抽動、做完動作後有如釋重負感，以及可以有意識的暫時被壓抑。

妥瑞氏症的確定致病機轉並不清楚，環境、遺傳及神經傳導物質都可能扮演一定的角色。統計上約有〇・五二%的人口為此所苦，男女比率約為四：一。平均發病年齡為六歲，通常在兩歲至十五歲間發病。好消息是，進入成年期後，一半以上的人，習慣性抽動症狀都會大幅減緩。

兒童醫學小教室

妥瑞氏症的常見共病有哪些？

共病（Comorbidity）在妥瑞氏症患者非常常見，約六十%的患者合併注意力缺失與過動症（Attention-deficit-hyperactivity disorder, ADHD），二十七%合併強迫症（Obsessive compulsive disorder, OCD），二十三%有學習障礙，十五%有行為障礙及對立反抗症（conduct disorder/oppositional defiant disorder）。合併越多共病則越容易有行為問題，諸如：睡眠障礙、發穢語、自殘和憤怒控制問題等。

病情診斷

神經檢查皆為正常，需要專業醫師鑑別診斷

妥瑞氏症的病童除了習慣性抽動外，神經學檢查都屬正常，基本上腦部核磁共振檢查也正常；但是，有報告指出，大腦的尾狀核（caudate nucleus）體積可能減少。至於診斷方面，主要靠臨床表現診斷，目前並無任何實驗室檢查可用來確定診斷。

鑑別診斷主要為兒童期短暫習慣性抽動（transient tics of childhood），不過妥瑞氏症和其他動作障礙疾患最大不同點，在於患者可以有意識的暫時壓抑習慣性抽動，及無法抗拒的前兆的衝動。

所謂的無法抗拒的前兆的衝動，意指患童內心有一股不適感覺，必須做了習慣性抽動動作後，才能舒緩這種心理不適。而這股想要做抽動動作的內心衝動，在需要時（例如家長厲聲制止動作時），可以暫時自行抑制一小段時間，但是之後，又會因為忍耐不住不適感覺，而再度做出更加劇烈的抽動動作。

整體療法

藥物和行為治療很重要，作息正常也發揮大作用

一、藥物與教育行為治療並進

治療方面，輕微習慣性抽動可用教育行為療法；較嚴重者就需藥物治療。藥物大至分三類：抗多巴胺藥物（Antidopaminergic drugs）、α-腎上腺作用劑（Alpha adrenergic agonists）、妥泰（Topiramate）。二〇一六年國內尚核准阿立哌唑（Aripiprazole），效果很好。如果是單純型習慣性抽動，也可以給予局部肌肉注射肉毒桿菌素（Botulinum toxin injection）。

如果患童有合併共病如注意力缺失與過動症等，當然也須一起治療。

二、養成充足睡眠與規律生活的好習慣

平日日常生活方面，病童一定要保持充足睡眠與規律生活！應避免攝取含咖啡因、防腐劑、精製糖類及人工甘味劑等食品或飲料，以免加重習慣性抽動症狀。

此外，看電視及打電玩也易加重抽動症狀，宜盡量減少。如果能持續有恆的運動，則可以大幅減緩習慣性抽動症狀。練習靜坐也對減緩習慣性抽動症狀有幫助。

兒童營養功能醫學

妥瑞氏症的不開藥處方箋

營養功能醫學療法在妥瑞氏症的治療上，則有以下發現：

①二〇一二年重量級小兒科期刊，以雙盲安慰劑對照實驗，證實**魚油**可減少妥瑞氏症病童短暫抽搐的動作[1]。

②有研究證實，補充**鎂**及**維生素B_6**對妥瑞氏症病童症狀減緩有助益[2][3]。

③美國精神科醫學會雜誌確認，貧血可能造成局部腦體積減少，進而造成妥瑞氏症病童症狀[4]。

④研究顯示妥瑞氏症病童體內**鋅**、**銅**偏低[5]。

⑤**維生素D**不足的程度和不自主抽動的嚴重度有相關性[6]。

⑥研究顯示妥瑞氏症病童血中色氨酸偏低[7]。

⑦有病例報告表示益生菌藉由影響腸-腦軸線（gut-brain axis）而明顯改善妥瑞氏症病童症狀[8]。

⑧缺鐵確定會增加妥瑞氏症病童症狀[9]。

效果見證 藥物成功減量，抽動和怪聲都變得幾乎沒有了，孩子病況大大好轉

一、妥瑞兒和長輩們都要有與疾病和平共存的心理建設

在門診時經過基本的神經理學檢查，我發現除了偶爾檢查到一半的時候，他會習慣性抽動的聳肩及扭脖子，或者「啊啊」叫個兩聲，其他方面完全正常。但是我不放心，又請爸爸媽媽填個問卷，以確認智仁並沒有像六十%的妥瑞氏症患者一樣，有合併注意力缺失與過動症的問題。此外他的功課很好，也不像有合併學習障礙的情況。

智仁在我診間時，顯得有些緊張。每當他發出「啊啊」的怪聲音時，他父親都會有意無意地，給他一個關愛的眼神；而這反而加重他的焦慮，導致他的怪聲音及扭脖子的動作，變得更加頻繁。

要成功治療妥瑞氏症有一大重點，就是長輩們的心理建設！特別要請長輩們避免焦慮！家有妥瑞兒，他的老師和同學們，久而久之就習慣了；反而父母及祖父母不可避免地，心裡會特別焦急，而容易藉著打罵、提醒孩子的方式，期望孩子能「戒除」這些習慣性抽動。殊不知，這樣反而會增加孩子的心理壓力，讓妥瑞氏症的症狀更加惡化！

我都會和長輩們舉某位前副總統的例子，說明他也有時常眨眼睛的動作，而且這個毛病雖然可能是腦部化學物質的問題，但是和前副總統一樣，基本上不會影響孩子的智商及未來發展！前副總統雖然有這個動作，可是照樣拿到博士學位及當上副總統，請家長寬心看待孩子的病情。

總而言之，重點是請長輩們能先釋懷，學習和孩子的習慣性抽動症狀和平共存，以當作沒看到及沒聽到的原則，去面對妥瑞兒的習慣性抽動及怪聲音。這樣子反而會讓孩子心理壓力減少，妥瑞氏症症狀也會跟著逐漸緩解。

並且，我還會向他們解釋，妥瑞氏症這個病的本質，本來就是好好壞壞。如果考試前、壓力大或感冒生病時，症狀就會加重；考完試、壓力小及身體無恙時，症狀就會減輕。

二、個人量身訂製的健康指引

另外，智仁本身也有一些功課要做：

1. **增進睡眠質量**：智仁常因準備考試而晚睡，我請他一定不要晚於十一點就寢，每天晚上至少有七小時的睡眠。睡眠充足，有助於保持腦部神經傳導物質平衡，可以減少患者內在無法抗拒的衝動，去做習慣性的抽動動作。
2. **避免特定飲食**：含下列成分的食品或飲料，易加重習慣性抽動症狀，應避免攝取：咖啡因、防腐劑、精製糖類、人工甘味劑。

3. **減少看電視及玩手機：**智仁有輕度沉迷手機遊戲的問題，而看電視、玩手機及打電玩易加重習慣性抽動症狀，宜盡量減少。我請爸爸媽媽幫他下載手機管理軟體，一天使用不超過一小時。

4. **適度運動：**此外鼓勵他多運動！有可能的話，至少一週四次，每次一小時的有氧運動，除了可增強體力外，也可以大幅減緩習慣性抽動症狀。

5. **靜坐：**練習靜坐，也對減緩習慣性抽動症狀有幫助。

三、補充缺乏的營養素

營養素檢測部分，發現智仁有缺鐵外，鋅、維生素D_3及ω-3脂肪酸也偏低，就幫他另外補充。另外他功課壓力大，晚上睡得不好，所以在睡前補充鎂離子。

經過再三個月的日常生活調理、對長輩們回診時的重複心理建設以及精準的營養素補充，智仁的口服用藥，已經從一天吃三種，減少到只有睡前吃一顆阿立哌唑。

他聳肩及扭脖子的動作，早已不再出現；爸爸最在意的「啊啊」的怪聲音也完全沒有了，只有在緊張時，偶爾還會不自覺地眨兩下眼睛。爸爸媽媽的表情，也由初診時的眉頭深鎖，到現在的如釋重負，真是讓我替他們感到高興！

CH7

多發性硬化症

無法治癒的多發性硬化症 仍需樂觀治療

五年前，黛芬還是位青春洋溢的國一學生；明明前一天晚上，還開心的和家人一起在中秋節烤肉，第二天起床，卻赫然發現：肚臍以下全無感覺及大小便失禁；不用說走路了，連坐起來的力氣都沒有！送醫檢查後告知為橫截性脊髓炎（Transverse myelitis）。

經過緊急治療，加上後續長期復健，後來走路雖然有些跛，但總算可以獨自行走，感覺病情穩定了下來。

好景不常，沒過幾個月，突然在幾天之內她感覺兩側視力嚴重受損，送醫後作了一系列檢查，最後才確定是多發性硬化症。

這五年來，日子就在這種發作、送醫、治療、穩定、再發作之間輪迴，讓她痛苦不堪，幾乎對人生喪失希望。

病情分析一 可以治療但卻無法完全治癒的免疫性疾病

對於現代醫學來說，多發性硬化症是可以治療，但卻無法完全治癒的一種免疫性疾病。以醫學專有名詞介紹，多發性硬化症是最常見的免疫介導發炎性中樞神經脫髓鞘性病變（Immune-mediated inflammatory demyelinating disease）。

打個比方，我們的腦及脊髓中樞神經纖維，就像是一條條的電線，表面有一層類似包覆住電線的絕緣外皮，稱作「髓鞘」（myelin）。髓鞘具有加速神經傳導和保護神經纖維的功能；而患者的免疫系統，會攻擊包覆在神經外的髓鞘，使得神經裸露，造成神經傳導的異常及神經的破壞；這就好比是電線被剝掉了保護外皮，互相接觸時引起火花短路一樣。

為何稱作多發性硬化症？所謂「硬化」是指髓鞘受到損傷的部位，其在修復過程中神經膠質過度增生而變硬的現象；隨著時間進展，病灶有緩解或再復發的現象，在核磁共振影像上面，新的中樞神經斑塊（plaque）也可能出現，故為「多發性」。因其多次復發的特性，在疾病的後期，往往會導致無法恢復的神經傷害。

多發性硬化症首次發生症狀的年齡，大約在十五至四十五歲之間，且女性為男性的二倍；較少發生於十五歲以下和六十歲以上。但問題是：許多兒科病患初發病時，和兒科年齡層較常見的急性瀰漫性腦脊髓炎（acute disseminated encephalomyelitis, ADEM）、橫截性脊髓炎及視神經炎（Optic neuritis），難以作鑑別診斷，導致兒科患者人數應該有被低估的現象。

真正病因仍未確定，目前只知道初期有神經免疫發炎的現象，造成後來的脫髓鞘及軸索退化（axonal degeneration）。

而現在認為可能導致多發性硬化症的危險因子包含：地域、女性、環境、基因、陽光、維生素D不足及病毒等。

病情分析二

多變的症狀令人難以捉摸

根據一項由台灣多發性硬化症協會針對病友所進行的調查顯示，病人在被確診前可能出現多種症狀，前五名依次為：平衡力受影響或走路不穩（五十・三％）、感覺異常（麻木、刺痛或灼熱）（四十六・一％）、肢體無力或不能走動（三十九・五％）、視力受損（三十五・五％）、容易疲倦（二十八・九％）。

症狀可以是單一出現或多個同時出現。因為症狀多變，以至於病人常遊走於醫院各科而無法得到確定診斷，甚至據國外研究統計，多發性硬化症病人從症狀出現到確診平均需要二十四・九個月。

此外研究發現，超過五成病患會出現膀胱或排便功能障礙；七成患者會有認知功能受損，但皮質功能缺損或失智則很少；三分之二以上患者會有憂鬱傾向；罹患癲癇比例也比一般人口高；因腦幹功能受損所導致的眼球運動障礙也很常見；將近九成的患者為疲倦所苦。

另外，患者對溫度上升特別敏感，只要體溫上升一點，就會造成現有症狀出現暫時性惡化。患者的睡眠障礙及眩暈也很常見。

兒童醫學小教室

認識多發性硬化症的四大類型

1. **臨床單一症候群**（Clinically isolated syndrome，CIS）：所謂的臨床單一症候群，通常是指疑似多發性硬化症第一次的發病。典型表現可能有視神經炎、複視、步態不穩、眼震、眩暈，甚至是像黛芬的橫截性脊髓炎症狀。通常在幾小時至數天內出現症狀，接著在數週至數月內症狀緩解，但不一定能完全恢復。

2. **復發緩解型多發性硬化症**（Relapsing-remitting MS，RRMS）：近九十%的患者，是屬於復發緩解型多發性硬化症。復發時並無合併發燒或感染的現象，此類患者如同黛芬一般，在單次發作後，會進入數月到數年的緩解期；在此緩解期期間，病患的症狀會相對穩定無變化，但之後會再無預警地復發。

每次發作後所造成的神經功能缺損，可能會完全或部分恢復，單次發作持續時間從數日到數週不等。但長期下來，患者的神經損傷仍然會累積，最終導致神經功能退化。

3. **續發進行性多發性硬化症**（Secondary progressive MS，SPMS）：大多數的復發緩解型多發性硬化症，經過十幾二十年後，會進展成為續發進行性多發性硬化症。此類型的特點是：在每次發作之後，神經功能都會有所減退，且之間沒有明顯的緩解期。此類患者的症狀偶爾會再發或輕微緩解。

4. **原發進行性多發性硬化症**（Primary progressive MS，PPMS）：原發進行性多發性硬化症約占多發性硬化症患者的十至二十%。此類患者在初始發作後，症狀即會不斷惡化，完全不會緩解或改善。此類病人初發病年齡，會較復發緩解型晚約十年左右。此類患者最常見的初始表現為痙攣性下身輕癱（spastic paraparesis）。

病情診斷

多種醫學檢查以免遺漏任何非典型患者

多發性硬化症是依靠臨床診斷：包含典型的病史及神經學檢查，以及輔以典型的核磁共振發現、神經誘發電位及腦脊髓液中的特異蛋白質來確定。

多發性硬化症主要的特徵，是中樞神經系統會在不同時間呈現多個斑塊（plaque），而核磁共振檢查即可用於發現這些斑塊的位置及數目。目前最新診斷標準，是依據二〇一七年發表的麥當勞準則（Mc-Donald Criteria）。

鑑別診斷還包含許多發炎、感染、血管、遺傳、肉芽腫及其他脫髓鞘性病變。萬一患者是非典型的臨床表現，或欠缺典型核磁共振表現者，需特別注意。

整體療法

藥物治療並輔以另類療法，協助改善生活品質

一、正規治療以改善病程為最大目標

對於現代醫學來說，多發性硬化症是可以治療，但卻無法完全治癒的免疫性疾病。多發性硬化症的治療可分為急性發作的治療，慢性症狀的治療，以及改變病程的治療。

急性發作的治療通常使用皮質類固醇。類固醇效果很好，但是無法改變長期病程變化趨勢。

因為多發性硬化症帶來的症狀十分多樣化，所以症狀治療的藥物種類

繁多，雖然只能減緩症狀，但是卻可大幅增進生活品質。

改善病程的治療主要以免疫調控製劑為主，這些藥物的目的是希望減少復發次數及減少中樞神經累積的傷害，進而希望能夠改變病程。包括干擾素（interferon β-1a, interferon β-1b）、可舒鬆（人工合成的模擬人腦髓鞘鹼性蛋白，Glatiramer acetate）、能滅瘤（免疫抑制藥物，Mitoxantrone）以及納他珠單抗（單株抗體藥物，Natalizumab）。

接受干擾素治療患者需定期接受血球、肝功能及甲狀腺功能檢測；能滅瘤及納他珠單抗屬後線用藥，副作用機會也較高。

二、另類治療對慢性症狀有幫助

許多的患者嘗試尋求另類治療，諸如運動、氣功、放鬆技法、瑜伽、針灸、草藥，甚至大麻。這些替代療法對於僵直、感覺異常、疲倦、憂鬱、睡眠障礙及眩暈等慢性症狀確實有幫助；但是卻沒有確定的證據，顯示可以改善或改變病程。

多發性硬化症的不用藥處方箋

在正規療法外，再輔以特定營養素的補充，除了對上述慢性症狀有幫助，可以提升生活品質外，許多研究也開始揭開，它們可以改善病程的一絲曙光！基因營養功能醫學療法在這方面，已有非常多的研究佐證。如果想另外補充營養素，可以視孩子檢測狀況先考慮鈣、鎂、魚油、維生素D、維生素C、及白藜蘆醇；有助益的營養素條列如下：

①**色氨酸**加強配方的**乳清蛋白**，可使多發性硬化症患者記憶改善[1]。

②多發性硬化症患者，體內**維生素**K_2偏低[2]。

③多發性硬化症患者在干擾素治療期間，如果體內**維生素E**高，則中樞神經核磁共振出現異常機會較低[3]。

④多發性硬化症患者體內，若**維生素D**偏低，則復發率較高[4]。

⑤**維生素C**可幫助中樞神經形成髓鞘，可能因此緩解多發性硬化症症狀[1]。

⑥多發性硬化症患者，體內**維生素**B_{12}偏低[6]。

⑦**維生素B_2**，可使多發性硬化症患者改善運動功能[7]。

⑧**維生素A**可降低，多發性硬化症患者神經發炎反應並保護腦部[8]。

⑨**蘇氨酸**可降低多發性硬化症患者肌肉痙攣（spasticity）症狀[9]。

⑩大劑量的**維生素B_1**，可緩解多發性硬化症患者疲累的症狀[10]。

⑪**牛磺酸**可幫助多發性硬化症患者髓鞘再生，以修復受損的神經細胞[11]。

⑫在發病早期給予**金雀異黃酮**可降低多發性硬化症嚴重度[12]。

⑬**水飛薊素**可藉由恢復調節性T細胞（Regulatory T cells）功能，而改善多發性硬化症[13]。

⑭多發性硬化症患者體內**硒**偏低[14]。

⑮**黃芩**（Scutellaria baicalensis）中的**黃芩苷**（baicalin）可降低多發性硬化症嚴重度[15]。

⑯**白藜蘆醇**可幫助多發性硬化症患者髓鞘再生[16]。

⑰**槲皮素**可降低多發性硬化症患者體內促炎性細胞因子（Proinflammatory cytokine）[17]。

⑱**益生菌**可藉由降低體內發炎反應，而對多發性硬化症患者有幫助[18]。

⑲**植物固醇**可藉由調節免疫功能，而改善多發性硬化症症狀[19]。

⑳**γ-次亞麻油酸**可藉由改變免疫反應，來改善多發性硬化症病程[20]。

㉑**齊墩果酸**可藉由多重抗炎作用，來改善多發性硬化症[21]。

㉒**菸鹼醯胺**可防止去髓鞘的軸突退化，並且改善多發性硬化症的行為缺損[22]。

㉓體內**甲硫氨酸**過低，可能是多發性硬化症早期症狀之一[23]。

㉔**褪黑激素**可經由多重機轉，來預防及治療多發性硬化症[24]。

㉕多發性硬化症患者，腦脊髓液中**錳**含量過低[25]。

㉖**延胡索酸**（Fumaric Acid）可藉由免疫調節功能，來治療多發性硬化症[26]。

㉗補充鈣、**鎂及維生素D**，可減少多發性硬化症復發率[27]。

㉘**離胺酸**可改善多發性硬化症症狀[28]。

㉙**芥蘭素**可改善多發性硬化症的神經發炎現象[29]。

㉚**葡萄籽**（Grape Seed）可改善多發性硬化症患者的疲勞症狀[30]。

㉛**甘草甜素**對於多發性硬化症有神經保護作用[31]。

㉜多發性硬化症患者，體內**穀胱甘肽**不足[32]。

㉝多發性硬化症患者，腦脊髓液中**麩醯胺酸**含量過低[33]。

㉞**人蔘**可改善多發性硬化症患者的疲勞症狀[34]。

㉟接受高劑量類固醇治療後，多發性硬化症患者體內，**維生素 B_{12} 及葉酸**不足[35]。

㊱二〇二一年研究顯示：補充**魚油**可降低多發性硬化症患者炎症標記（Inflammatory markers），並減少復發率[36]。

㊲綠茶中富含的**表沒食子兒茶素沒食子酸酯**，對於多發性硬化症有神經保護作用[37]。

㊳莓果中富含的**鞣花酸**，可降低多發性硬化症的神經去髓鞘變化[38]。

㊴多發性硬化症患者的疲勞症狀，和**脫氫表雄酮**（dehydroepiandrosterone, DHEA）過低有關[39]。

㊵**薑黃素**優異的抗發炎及抗氧化作用，對多發性硬化症患者有益[40]。

㊶ **輔酶Q_{10}**可以讓以干擾素治療的多發性硬化症患者，體內的氧化壓力及發炎反應降低[41]。

㊷ **肉桂**可藉由維持調節性T細胞（Regulatory T cells）的作用，而對於多發性硬化症有治療作用[42]。

㊸ 咖啡中的**咖啡因**，可減少罹患多發性硬化症風險[43]。

㊹ 多發性硬化症患者急性發作時，體內**維生素C**、**維生素E**及**β-胡蘿蔔素**偏低[44]。

㊺ **印度乳香**（*Boswellia serrata*），可使多發性硬化症患者改善認知功能[45]。

㊻ **藍莓**可改善多發性硬化症運動功能[46]。

㊼ **甜菜鹼**可緩解及治療多發性硬化症[47]。

㊽ **穿心蓮**（*Andrographis paniculata*）可改善復發性多發性硬化症患者的疲勞症狀[48]。

㊾ 若多發性硬化症患者體內的**α-次亞麻油酸**較高，則疾病活性較低[49]。

㊿ **蘆薈**（*Aloe vera*）可以減緩多發性硬化症的疾病進展[50]。

(51) 高劑量**生物素**，可以治療復發性多發性硬化症[51]。

效果見證

藥物及復健治療不可中斷，運動、多喝水、多吃蔬果、補充營養素

黛芬被雙親帶來我門診時，距離她初次發病已經有五年了。由於時常再發，急性治療期的類固醇副作用，使得她看起來有些浮腫。她一開始接受干擾素治療，但是顯然未減少再發的頻率；現在改成注射可舒鬆也已經兩年了，可是仍然三到四個月會再發作一次。

她走路大致尚可，不須人攙扶，但有些僵硬。她自己感覺雙腿無力，尤以右腿較嚴重。講話雖有些咬字不清，但是短、中、長期記憶未明顯受損。因長期被病痛折磨，她的臉上見不到這個年紀的少女應有的朝氣；代之以疲累及絕望的神情，讓我不忍直視。

1. **繼續接受藥物及復健治療：**首先，我鼓勵她還是要繼續接受藥物及復健治療，絕對不可以中斷！

2. **運動、喝水、多吃蔬果等不可少：**她在發病前就是游泳校隊，在發

病後就未再游泳了。我請爸爸媽媽有可能的話，繼續陪伴她練習游泳；除了幫助維持最好的體能狀態以對抗病魔，也有助於晚上睡眠。還有提醒她多喝水及多吃蔬果，提升體內的抗氧化維生素含量，以減少再發作及幫助排便。

3. **補充缺乏營養素**：我幫她做的營養素檢測發現：她體內的 ω-3 脂肪酸、維生素 D 以及 β-胡蘿蔔素都偏低，所以幫她另外補充魚油、維生素 D 及 β-胡蘿蔔素。另外再加上槲皮素、白藜蘆醇、鈣及鎂，藉由減少發炎因子，以期降低再發機會。

三個月後回診，她走路看起來比較穩定，講話咬字也清楚一些，臉也有精神得多。重點是，媽媽高興地告訴我，她這一次已經破紀錄地將近五個月沒有再發作了！替她高興之餘，我也在心底默默地祈禱：希望這一切能夠一直持續下去。

CH8

大腸激躁症

檢查腸胃都正常，但卻常腹痛和便祕

靜純從小學時，就因為常肚子痛到需要掛急診，成為醫院的常客。每次照腹部X光片時，都會發現大腸內存在許多糞便沒有排乾淨，可是大便檢查結果及腹部超音波，卻都是正常。

上了國中，靜純念的是私校，課業壓力非常大，她自我要求又高。每次考試前，她都會感覺腹部劇烈絞痛，有急迫感想要立刻排便。可是在廁所裡，卻只有少量稀便，大完便會感覺排不乾淨；平時卻時常感覺脹氣，便祕也一直都存在著。

上個暑假，她甚至連大腸鏡的檢查都做了，結果也都說是正常。

病情分析

慢性腹痛和排便習慣改變是大腸激躁症主要症狀

大腸激躁症（Irritable bowel syndrome）是一種腸胃功能障礙，它的特徵是慢性腹痛及排便習慣改變，靜純就是一個典型的病例。

雖然粗估約十％的人口有此毛病，而且從兒童時期就有人罹患此病症，尤其以青春期女孩為多；但是超過五十歲後，罹患比例就開始下降。雖然在美國少有人因此而就醫，但它卻是美國人在所有疾病中，因發病而造成曠工的第二名。

大腸激躁症的病患，常合併一些共病，諸如：纖維肌痛（fibromyalgia）、慢性疲勞（倦）症候群（chronic fatigue syndrome）、胃食道逆流疾病（gastroesophageal reflux disease）、功能性消化不良（functional dyspepsia）、非心源性胸痛（non-cardiac chest pain）及包含憂鬱症（major depression）、焦慮（anxiety）等精神疾患。

慢性腹痛和排便習慣改變，是大腸激躁症的兩大症狀。慢性腹痛，常以腹絞痛為表現，嚴重程度不一，且會週期性或不定時再發。至於痛的位置和特徵，個人差異性非常大：有人排便後會舒緩疼痛，可是有人卻相反；心理壓力和用餐可能會加劇腹痛；此外也容易脹氣打嗝。

大腸激躁症的排便習慣改變，包括腹瀉、便祕、交替腹瀉及便祕、或是正常排便交替腹瀉及（或）便祕。大腸激躁症的腹瀉，大便量為少至中量，時間通常在早上或餐後。大便前會先感覺下腹絞痛及急迫感，大便時會感覺排不乾淨或裡急後重（tenesmus）。有一半的患者大便中有黏液，值得注意的是，大腸激躁症比較不會有大量腹瀉、血便、夜間腹瀉及油便（greasy stools）。

大腸激躁症造成的便祕，常為丸狀硬便，即使直腸已經排空，病患還是常會有裡急後重感覺。青春期女孩的大腸激躁症，常以少量稀便、腹絞痛、急迫感以及大便時會感覺排不乾淨作為最常見表現。

病情診斷

反覆腹痛合併排便頻率或硬度改變

在診斷大腸激躁症上，要符合羅馬準則IV的診斷標準（Rome IV criteria）。

至少在過去三個月內，有至少每週一次的反覆腹痛，同時合併下列兩項（含）以上條件：

□ 1. 腹痛和排便相關。

□ 2. 腹痛合併排便頻率改變。

□ 3. 腹痛合併排便軟硬度改變。

問診時需特別注意詢問：有無像是其他疾病的狀況，例如腹部腫塊、肝脾腫大、血便等，也要注意是否有服用可能造成腹瀉或便祕的藥物；家族中如有人罹患大腸癌或發炎性腸道疾病者要特別小心！病童身體檢查除腹部可能有輕微壓痛外，其餘應為正常。

目前並無實驗室檢查可以確診大腸激躁症，如需檢查，則檢查的目的是排除其他疾病：包括腸胃炎、發炎性腸道疾病等。

整體療法

日常生活型態改變為主，藥物作為輔助

一、藥物多採取症狀治療

大腸激躁症並不會以藥物治療作為第一線治療方式，而是會建議優先調整生活飲食型態；如仍呈現中重度症狀，影響生活品質的病人，才開始藥物治療。

以便祕為主要表現的病患，可先給予可溶性纖維；萬一效果不佳，則給予緩瀉劑或腸胃蠕動刺激劑。

以腹瀉為主要表現的病患，則可在餐前先給予緩和胃腸蠕動劑；如效果不佳，則改成膽酸結合劑。

以腹痛及腹瀉為主要表現的病患，症狀出現時可先給予平滑肌鬆弛劑、抗膽鹼劑或抗毒蕈鹼劑。而以嚴重腹瀉為主要表現的病患，若一般藥物效果不佳，可考慮給予抗憂鬱劑或抗焦慮劑，以減少因心理壓力造成腹瀉不止！

二、需要長期生活及飲食型態調整

大腸激躁症是一種慢性疾病，需要長期生活及飲食型態調整；如果效果不佳或症狀嚴重影響生活品質，則需藥物治療。一旦確診，應該和孩子及爸爸媽媽說明：雖然這是一種慢性病，但是卻不會增加任何癌症的風險，請他們先放寬心情。

如果孩子容易因壓力導致焦慮緊張，難以自行紓壓，造成時常症狀發作跑廁所，則須尋求兒童精神科醫師諮詢。多運動也可以使孩子面對壓力時更有耐受性，同時可幫助順利排便，減緩大腸激躁症症狀。

日常含有易產氣或含易發酵的乳寡糖類，例如山梨糖醇（sorbitol）及甘露醇（mannitol）的食物，宜盡量避免，包括：牛乳、冰淇淋、麥類、豆類、大蒜、洋蔥、高果糖玉米糖漿、西瓜、蘆筍、蜂蜜、芒果、梨、蘋果、櫻桃、人工甘味劑、蘑菇、高麗菜及花椰菜等。此外，飲食要定時少量，要減少油脂、咖啡因、酒精及大量不溶解纖維的攝取。

大腸激躁症的日常生活保健

規律運動

適當紓壓

飲食定時少量

禁止酒類、咖啡因飲料

避免攝取下列食物

- 牛奶、冰淇淋
- 麥類、豆類、大蒜、洋蔥
- 西瓜、蜂蜜、芒果、梨、蘋果、櫻桃
- 高果糖玉米糖漿、人工甘味劑
- 蘆筍、蘑菇、高麗菜及花椰菜

大腸激躁症的不開藥處方箋

適當地補充營養素，也可有效減緩大腸激躁症的症狀！基因營養功能醫學療法在這方面，已有非常多的研究佐證。如果想另外補充營養素，可以視孩子檢測狀況先考慮鋅、魚油、麩醯胺酸、胡蘿蔔素及益生菌；有助益的營養素條列如下：

①越來越多的證據顯示，**益生菌**對減緩大腸激躁症的症狀有幫助[1,2,3]。

②補充**酵素**和**肌醇**，也被發現可減緩因大腸激躁症出現的脹氣腹痛症狀[4]。

③有研究發現，許多大腸激躁症病患血中**鋅**濃度不足，補充**鋅**可減少腸漏現象而改善多種腸胃疾病[5,6]。

④二〇一八年期刊也提出，**維生素D**濃度不足，和大腸激躁症的症狀有正相關性，所以建議大腸激躁症病患補充維生素D[7]。

⑤**維生素B_6**攝取不足，也和大腸激躁症的症狀有正相關[8]。

⑥近年來熱門的**左旋麩醯胺酸**，也被期刊認證，可改善大腸激躁症的腹瀉症狀[9]。

⑦大腸激躁症的便祕症狀，則可以用補充**鎂**來減緩[10]。

⑧**薑黃**的抗發炎、抗氧化及腸黏膜保護作用，被認為可改善大腸激躁症[11]。

⑨**大豆異黃酮**也被研究證實，可改善大腸激躁症患者生活品質[12]。

⑩**褪黑激素**也可藉改善腸胃蠕動，而減緩大腸激躁症出現的腹痛症狀[13,14]。

⑪許多大腸激躁症的患者體內**硒**不足[15]。

⑫**白藜蘆醇**可減緩大腸激躁症的不適症狀[16]。

⑬許多大腸激躁症患者體內，飽和脂肪酸過高，**多元不飽和脂肪酸**（ω-3脂肪酸）過低[17]。

⑭**人蔘**被發現，可減緩大腸激躁症出現的腹痛症狀[18]。

⑮大腸激躁症患者體內，**皮質醇/脫氫表雄酮**（cortisol/DHEA ratio）的比值上升[19]。

⑯**胡蘿蔔素**和**益生菌**同時給予，可藉由增加抗發炎細胞激素，而改善大腸激躁症的腹瀉症狀[20]。

效果見證

多喝水、多吃蔬果、勤運動，加上紓壓及營養素調理才會減輕症狀

1. **喝足量的水：**靜純的便祕情形已經很多年，最大根源在於攝取水分不夠，以及食物纖維不足。

兒童每天應攝取水分公式原則為：體重第一個十公斤，每公斤乘以一百毫升；體重第二個十公斤，每公斤乘以五十毫升；第三個十公斤以上，每公斤乘以二十毫升（如要進一步了解，可參考拙作《兒科好醫師最新營養功能醫學》）。

以靜純體重四十公斤為例，每天需攝取水量為 10×100＋10×50＋20×20＝1900 毫升。每天請她加上湯及飲品，每天一定要攝取一千九百毫升的水分！

2. **多吃蔬果增加膳食纖維：**蔬果原則上還是一日五份蔬果，其中三份青菜，兩份水果。要注意的是，需避免上述含易產氣或含易發酵乳寡糖類（例如山梨糖醇及甘露醇）的蔬果及食物，例如：牛乳、冰

淇淋、麥類、豆類、大蒜、洋蔥、高果糖玉米糖漿、西瓜、蘆筍、蜂蜜、芒果、梨、蘋果、櫻桃、人工甘味劑、蘑菇、高麗菜及花椰菜等。

3. **執行運動計畫：**平時幾乎沒有在運動，甚至學校的體育課，自己也都在偷懶。我語重心長的和她及雙親強調：運動不是浪費時間，對於健康、紓壓及大腸激躁症的治療都十分重要，請他們訂下循序漸進運動的目標，並切實執行。

此外，她因為功課忙碌，已經很久沒有從事她最愛的彈奏鋼琴。我請爸媽每天給她半個小時的時間彈鋼琴，藉由從事喜愛的活動，達到紓壓的效果。

4. **補充缺乏營養素：**我幫靜純補充益生菌和麩醯胺酸，以減緩大腸激躁症的症狀。她的營養素檢測發現維生素D和鋅嚴重不足，胡蘿蔔素及維生素 B_6 也過低，也另外幫她補充。

經過三個月的生活及飲食調理，靜純多年的便祕完全改善，每次考試前必定出現的腹痛和腹瀉，也變成偶爾大考前才會出現。

他們現在假日必定會全家一起出外健行，她的心理壓力減輕及體力變好之外，家人關係也變得更加緊密。

CH9

胃食道逆流疾病

小孩壓力大時 一樣會感到火燒心

正棋是一所明星高中的高二學生，那所高中以辦學績效良好著稱，學生的課業壓力很大。他本身屬於比較敏感的孩子，自我要求又高，凡事都想做到完美。除了覺得課業沉重外，也常在和同學相處時感覺到壓力。

最近這半年來，他時常感覺胸骨後方有灼熱感，尤其是剛吃完飯時更明顯。偶爾睡覺時打嗝，還會有少量胃內食物合併胃酸，向上跑到嘴裡。因為功課壓力大，他也沒有特別和家人說。

直到有一次，胃部痛到受不了，加上解出的大便是黑色軟便，家人才趕緊把他送到急診室。

病情分析

火燒心不是大人的專利，請留意嬰幼兒的不舒服

胃食道逆流（Gastroesophageal reflux）顧名思義，就是在飯後，胃內的內容物向上進入食道裡。這種現象正常來說很少發生在夜晚睡眠時；這在嬰兒、兒童及成人，只要不引起任何不適、食道灼傷或任何併發症的話，都算是一種正常短暫的生理現象。尤其是一歲以下嬰兒，以溢奶作表現的生理性胃食道逆流非常常見。

相反地，胃食道逆流疾病（Gastroesophageal reflux disease）的胃食道逆流現象，則常發生在夜晚睡眠時，會引起諸如逆流性食道炎或體重減輕等併發症，各年齡層的症狀及併發症各有不同。

台灣胃食道逆流疾病盛行率有上升趨勢，根據統計，近二十年來已經升至二十八％，成長超過五倍之多，平均每四人就有一人深受困擾。

胃食道逆流疾病會出現什麼症狀？胃食道逆流疾病在成人及大孩子的兩大典型症狀表現，像正棋一樣，就是火燒心（heartburn）及食物逆流（regurgitation）。

火燒心通常發生在飯後，病患主觀感覺在胸骨後方有灼熱感。食物逆流則是病患少量胃內食物合併酸性物質，向上跑到嘴內或咽下部。

其他可能症狀，尚包括吞嚥困難、胸痛、胃灼熱感、咽喉異物感（globus sensation）或吞嚥疼痛（odynophagia）；少見的是甚至可能會造成慢性咳嗽及喘鳴（wheezing）。

病情診斷

研判嬰幼兒胃食道逆流疾病較棘手

統計顯示，有五十％的三個月以下嬰兒，一天至少會溢奶一次；到了十二個月大，則減少到五％。但絕大多數只要生長良好，餵食正常不躁動，就表示只是單純生理性胃食道逆流，而不是胃食道逆流疾病。

相對的，如果一個嬰兒溢奶又合併生長遲緩、拒食、躁動不安、持續喘鳴甚至呼吸暫停等，都要高度懷疑是否是胃食道逆流疾病。

嬰幼兒無法清楚表達如火燒心的典型症狀，診斷上較為棘手。首先，異常胃食道逆流或一直嘔吐的孩子，一定要先排除諸如腸胃道阻塞、腸胃炎、腦壓增加、感染、先天性新陳代謝異常、阻塞性尿路疾病、中毒及心衰竭等。排除之後，萬一必要時，再安排食道酸鹼度偵測（Esophageal pH and impedance monitoring）、上腸胃道攝影或是胃鏡檢查。

兒童醫學小教室

什麼是非典型胃食道逆流疾病？

一般說來，成人或大孩子有典型胃食道逆流症狀，就可以作為胃食道逆流疾病的臨床診斷。但如果是非典型症狀，諸如胸痛等，就必須先排除其他問題，才能下此診斷；甚至，必要時安排胃鏡檢查，以偵測是否有其他併發症。

藥物治療救急，改變不良生活習慣更重要

一、胃食道逆流疾病的藥物治療

胃食道逆流疾病的藥物治療上，目前有制酸劑（Antacids）、藻酸鹽（alginates）及H2受體阻抗劑（Histamine-2 receptor antagonist）可選用。嚴重或持續症狀的患者，則考慮給予氫離子幫浦阻斷劑（proton pump inhibitor, PPI）。

重點是嚴重的患者，會合併嚴重糜爛性食道炎，治療完全後，仍需追蹤胃鏡檢查。

二、睡覺時床頭抬高，睡覺前三小時不吃東西

平日保健方面，輕度或間歇症狀的患者，首重生活型態矯正，諸如：減少心理壓力、減重、睡前三小時不吃東西、睡覺時床頭抬高，以及避免特殊食物，諸如：巧克力、咖啡因飲料、油膩食物、辣的食物、碳酸飲料及薄荷。

此外，避免菸酒及穿緊身衣物、嚼口香糖或含口含片以時常吞嚥口水中和胃酸、練習腹式呼吸以加強下食道括約肌力量等，皆有效果。

三、嬰幼兒胃食道逆流疾病的治療

治療嬰幼兒的胃食道逆流疾病，在生活型態矯正治療包括：避免餵食牛乳（有過敏史兒童）、餵食母乳、配方奶或母奶內加米糊、避免過度餵食或少量多餐、喝奶後保持直立姿勢半小時及避免二手菸。如果還是無效，再考慮藥物治療。一般建議使用氫離子幫浦阻斷劑。

胃食道逆流疾病的不開藥處方箋

適當地補充營養素，也可有效幫助治療胃食道逆流疾病！基因營養功能醫學療法在這方面，已有非常多的研究佐證。如果想另外補充營養素，可以視孩子檢測狀況先考慮ω-3脂肪酸、維生素C、維生素D及益生菌；有助益的營養素條列如下：

①**褪黑激素**被發現，可以治療胃食道逆流疾病[1]。

②**薑**也被發現，可以改善兒童胃食道逆流及消化不良症狀，薑也可促進成人胃部排空[2][3][4]。

③甘草中的**甘草次酸**（glycyrrhetinic acid）被發現，和藥物一起使用，對胃食道逆流疾病的治療有加乘效果[5]。

④**洋甘菊**（Chamomile）內的成分，被認為可以制酸及緩解胃部不適[6]。

⑤有實驗證實：**魚油**對胃食道逆流造成的食道發炎有療效[7]。

⑥有重量級期刊證實：**益生菌**可以直接改善胃食道逆流[8][9]。

⑦**維生素A、C、E**被發現不但可以預防胃食道逆流疾病，也可預防因為胃食道逆流疾病引發的併發症[10]。

⑧**β-胡蘿蔔素**則確定可以減緩胃食道逆流疾病不適症狀[11]。

⑨**槲皮素**、**植物類黃酮**及**維生素E**，可緩解因胃食道逆流疾病，造成的食道發炎[12]。

⑩氧化性的傷害，是胃食道逆流疾病，所造成的食道發炎病理機轉。故若補充**穀胱甘肽**這種抗氧化劑，就可減少食道發炎[13]。

⑪**茄紅素**經由同樣的抗氧化機轉，也可減少胃食道逆流疾病，所造成的食道發炎[14]。

⑫因胃食道逆流疾病，所造成的食道癌前病變巴瑞特氏食道（Barrett's esophagus），病患血中**維生素D**普遍較低[15]。

⑬長期使用氫離子幫浦阻斷劑來治療胃食道逆流疾病的病患，需注意缺鐵性貧血的可能，必要時給予**鐵劑**[16]。

⑭研究證實：**色氨酸**可預防因胃食道逆流疾病，所造成的食道發炎[17]。

改善胃食道逆流的生活習慣

練習腹式呼吸

減少心理壓力

避免穿
緊身衣物

睡覺時
床頭抬高

避免特殊食物

- 菸酒、巧克力、薄荷
- 咖啡因飲料、碳酸飲料
- 油膩、辛辣的食物

補充營養素

- ω-3 脂肪酸、益生菌
- 維生素 C、維生素 D

效果見證

火燒心嚴重到食道發炎，建議睡前三小時不吃東西、改變睡姿等

正棋因為情況嚴重，第二天就接受了胃鏡檢查。結果發現：有嚴重的食道發炎合併多處潰瘍的現象，導致滲血而解黑便。黑便很快就控制好了，但是雖然已經服用了氫離子幫浦阻斷劑半年，食道發炎火燒心的症狀還是斷斷續續出現。

1. **不用凡事做到一百分：**在詳細和正棋及他的雙親懇談後，我請正棋要開始試著學習擁抱不完美，要從心態上做根本的改變，不要想著在人生的諸多面向，例如學業、社團、人際關係上，都一定要求做到一百分。人生是一場馬拉松，不能以跑百米的速度去跑，這樣身體一定會提出抗議的。

2. **衣物寬鬆穿、腸胃敏感性食物不要碰：**在這個最重要的心理建設完備後，其他的生活注意事項，自然是水到渠成，諸如，不要再穿他平時常穿的緊身牛仔褲、切忌暴飲暴食；尤其是他最愛的巧克力、

麻辣鍋，以及提神用的綠茶，都不要再碰了。

3. **吃飽不可以立刻躺平：**還要避免吃完東西立刻躺平，睡前二至三小時也不要吃東西。也請他把床頭墊高，這樣比較不易造成睡覺打嗝時，胃內食物合併胃酸向上跑到嘴裡。

4. **補足缺乏營養素：**他的營養素檢測發現ω-3脂肪酸、維生素C、維生素E及β-胡蘿蔔素都不足，所以幫他補充。另外也補充穀胱甘肽，以減少食道發炎。

這樣藥物配合生活及營養素調理了三個月，他從三天出現一次症狀，減少到兩週一次症狀。不但健康逐漸恢復，正棋看起來也比以前開朗多了。

CH10

口臭

小孩如果有口臭，最好要小題大作！

意寧是個可愛的一歲寶寶，這幾週卻開始有口臭，讓爸媽有些困擾。

她的胃口食慾都好，身高體重都超過平均值。身體檢查起來，除了口臭外，無任何異狀；只是抓到我檢診檯上的玩具，就要往嘴裡塞。

像這種進入口慾期的寶寶，會因為要滿足口慾，而時常將奶嘴、手指、玩具，或甚至是地上隨手抓到的東西放入口中。寶寶反覆吸吮，細菌就會在口腔大量滋生；接著嘴巴就會開始產生臭味。

另一位八歲大的銓允，光是在門診一開口，就有濃濃的口臭。可是這卻是爸媽早已習慣的事情，甚至已經忘記出現口臭有多久了！

銓允身材瘦小，尤其體重明顯過瘦。檢查嘴巴時，發現有許多蛀牙，舌苔也很厚。重點是：還有大量的黃色濃鼻涕倒流！從口腔和鼻腔，都可以嗅聞到強烈的腐臭味。

病情分析 口臭原因可能是生活壞習慣或疾病警訊

不管是嬰幼兒或成人，口臭都是常見的情況！嬰幼兒的口臭，雙親通常會在第一時間察覺；有口臭的大人往往並不自覺，通常是有人告知，他才知道原來自己有口臭。嚴重口臭會影響人際關係，進而使得生活品質受到負面影響。

據小規模統計，高達三分之一的人有不同程度的口臭，而其中大多數人並不自覺有口臭；大人的比例比兒童高，男性又比女性多。

口臭可分為生理性口臭和病理性口臭，以下將分析箇中的差別。

一、生理性口臭

沒有任何疾病的原因造成的口臭，稱為生理性口臭（Physiologic Halitosis）。生理性口臭的原因，是因為舌苔及口內的食物殘渣，在口腔內經過一夜厭氧細菌的作用後，產生大量的揮發性硫化物（volatile sulfur compounds）及吲哚（indole）等臭味氣體；而在第二天早上變得特別嚴重，通常在刷牙漱口後就消除。

其他生理性口臭的原因還有：抽菸、飲酒、咖啡、大蒜及洋蔥等飲食所造成。

二、病理性口臭

在疾病造成的口臭，即所謂的病理性口臭（Pathologic Halitosis）中，口腔是最常見的異味來源。其他還包含鼻腔、呼吸道、腸胃道、惡性腫瘤及全身性疾病。

九成左右的病理性口臭，味道是來自於口腔，可能原因有齒齦炎（gingivitis）、牙周感染（Periodontal infection）、舌苔太厚（Excessive tongue coating）、口水分泌不足、假牙（Dental prosthesis）、慢性扁桃腺炎、扁桃腺結石（Tonsilloliths）及扁桃體周圍膿腫（Peritonsillar abscess）。

少數的口臭源自鼻腔，可能原因有急或慢性鼻竇炎、鼻涕倒流、鼻腔異物等。

更為少見的口臭原因還有支氣管擴張（Bronchiectasis）、急或亞急性氣管炎、肺膿瘍（lung abscess）、食道憩室（Zenker's diverticulum）、胃結腸瘻管（gastrocolic fistula）、便祕、慢性腎臟病、末期肝病、糖尿病酮酸血症（Diabetic ketoacidosis）、上消化道或上呼吸道惡性腫瘤等。

小朋友當然也可能會有口臭。除了上述可能原因以外，在兒科比較特殊的原因有鼻竇炎、鼻涕倒流、不刷牙、鼻腔異物、用嘴呼吸及咬合不正等。

評估口臭，要先做詳細病史詢問及身體理學檢查，目標是發掘出可治療的口臭原因。必要時輔以感官或儀器測試，特定潛在問題甚至需牙醫師或各醫學專科醫師處理。

兒童醫學小教室

口臭自我測試

小朋友有口臭，父母親會首先知道。那成人要如何知道自己是否有口臭呢？有些簡單的方法可以自我測試：

1. 用舌頭舔手背，等口水乾了，再聞手背處氣味。
2. 講電話完，隔一段時間後，聞電話筒上面是否有臭味。
3. 用手指磨擦牙齦或舌頭後，再聞手指是否有臭味。
4. 找一位值得你信賴的人，直接問對方是否聞到你有口臭味道。

值得一提的是，有極少數成人明明沒有口臭，卻堅信自己有，並為之焦慮，稱為口臭恐懼症（Halitophobia），建議最好尋求心理醫師諮詢。

整體療法　找出口臭的原因，口腔保健、飲食控制不可少

病理性口臭的原因一旦找到，就必須根據不同原因給予對症治療及處理。如果經過徹底的評估，仍找不到口臭的原因，則可能是生理性口臭，可以藉由下列增進牙齒及口腔健康的方式改善：

一、嬰幼兒的手指，以及奶嘴、玩具要常清洗

乳幼兒要常常清潔洗淨奶嘴及玩具，和幫常吸手指的寶寶多洗手。

二、多喝水可以增加唾液分泌量

保持水分充足，可使唾液分泌量增多，使口腔內環境不利於製造口臭的無氧菌生長。

三、孩子絕對杜絕菸酒，大人最好也少菸酒及咖啡

孩子絕對要杜絕菸酒，家中大人如果很難做到菸酒不沾及少喝咖啡，至少事後要記得刷牙及漱口。

四、好好清潔口腔，牙齦、舌苔、假牙、矯正器等不可少

至少每天兩次正確的刷牙，徹底清潔牙齒、舌頭、和牙齦，並且每天使用牙線清潔齒縫食物殘渣。刷牙時順便刷舌頭後方，以清除舌苔；或者使用舌苔清潔器（Tongue cleaner）來清除舌苔。另外，也要正確清潔假牙或矯正器。

五、睡前用漱口水漱口，尤其在刷牙一小時後最好

漱口水（Mouthwash）成分以含氯己定（Chlorhexidine gluconate 0.2%）者為佳，但要避免接觸眼睛及耳朵，此外十八歲以下兒童及會過敏者需禁用！最好在刷牙一小時後，再使用漱口水，以免沖洗掉牙膏中附著在牙齒的氟化物。

六、定期洗牙去除牙結石，牙齒健康且不容易有口臭

固定時間在牙醫師處洗牙，把附在牙齒表面上的牙結石除去。牙結石會造成牙齦發炎，甚至牙周病，而且上面容易附著引起口臭的厭氧細菌。健保目前給付十三歲以上患者每半年可以洗牙一次，大家可多加利用。

七、多吃新鮮蔬果，有助唾液分泌且能清除牙縫殘渣

蔬果本身的食物纖維（fiber），有助分泌大量唾液。唾液除了能濕潤口腔，唾液及纖維還能清除附著在牙齒上面或塞在牙縫中的食物殘渣，進而減低口臭。

八、咀嚼無糖口香糖，刺激口水分泌、減少無氧菌

咀嚼無糖口香糖可以刺激口水分泌；而清澈乾淨的新鮮唾液，能夠減少製造口臭的無氧菌生長。

九、壓力和口臭息息相關，要常紓壓放鬆

有研究顯示，壓力大時，身體釋放的兒茶酚胺（catecholamines）及皮質醇（cortisol）等壓力荷爾蒙，會使口內細菌製造的揮發性硫化物增多，口臭加重。所以學習適當的紓壓，也可減少口臭。

口臭的不開藥處方箋

在文獻上確定可改善口臭的特定食品及營養素有：

①統合分析研究指出：**益生菌**（尤其是**乳酸菌**）可以減少口臭！實際作法上，可用益生菌融化在水中，漱口後吞下[1]。

②綠茶中的**茶多酚**（green tea polyphenols）成分，可有效減少引發口臭的細菌，所以多喝綠茶可以減少口臭[2]。

③**石榴**（Pomegranate）汁富含植物多酚（polyphenols），用**石榴**汁漱口，可以減少產生揮發性硫化物的細菌量，進而減少口臭[3]。

④**大豆異黃酮**可以有效增加唾液量，而間接減少口臭[4]。

⑤**葡萄籽**（Grape Seed）萃取物，可抑制口內厭氧菌生成，而減少口臭[5]。

⑥**甘草萃取物**（licorice extract），可以減少產生揮發性硫化物的細菌量，進而減少口臭[6]。

⑦**人蔘**可以成功治療幽門螺旋桿菌（Helicobacter pylori）引起的口臭[7]。

⑧**薑**（Ginger root）內含的成分**6 -薑辣素**（6 -Gingerol），可以刺激唾液中的硫醇基氧化酶1（sulfhydryl oxidase1）大量分泌，進而分解唾液中的揮發性硫化物，而減少口臭[8]。

⑨多咀嚼**高纖維食物**，可以明顯減少口臭[9]。

⑩**肉桂**（Cinnamon）也可以減少產生揮發性硫化物的細菌量，進而減少口臭[10]。

維持好口氣的小秘訣

- 多喝水可以增加唾液分泌量
- 嬰幼兒手指、奶嘴、玩具要常清洗
- 杜絕菸酒、少喝咖啡
- 好好清潔口腔

- 睡前用漱口水漱口
- 定期洗牙去除牙結石
- 咀嚼無糖口香糖，刺激口水分泌
- 多吃新鮮蔬果
- 學習適當的紓壓

效果見證一

寶寶亂咬不會清潔口腔，父母就要勤勞學技巧，配合益生菌助攻

1. **寶寶首重口腔衛生：**像意寧這種處在口慾期的寶寶，要消除口臭的不二法門，就是要經常清潔洗淨寶寶的奶嘴及玩具，和幫常吸手指的寶寶多洗手！此外，用餐結束後要幫寶寶好好清潔牙齒、牙齦、舌頭及口腔，以減少細菌及食物殘渣所造成的口臭。為了讓寶寶習慣，剛開始可用乾淨的紗布巾，沾冷開水擦拭。等寶寶習慣後，再改成指套型牙刷及真正的小牙刷。

2. **多喝水和吃蔬果泥，刺激口水分泌：**請爸爸媽媽鼓勵她多喝水，並多吃蔬菜泥和水果泥，以刺激口水分泌，減少製造口臭的細菌濃度，讓口腔內環境不利於製造口臭的無氧菌生長。

3. **益生菌塗抹口腔，有助改善口臭：**因為她還不會漱口，所以我請爸爸媽媽，在清潔完口腔後，把益生菌塗在她的牙齦及臉頰黏膜，藉

由口水的分泌，散布在整個口腔，進而抑制製造口臭的無氧菌生長。

經過這樣做了以後，意寧果然在一週後就沒有口臭了。

效果見證二　蛀牙與嚴重鼻涕倒流兩者同時治療，加上益生菌漱口

銓允平日就不愛刷牙，以至於成人齒及尚存的乳齒都有蛀牙。甚至因為長期不刷牙，而出現了牙結石！當務之急，是先請爸爸媽媽趕快帶他去兒童牙科做處理，以免不但會造成口臭、食慾不佳外，甚至有機會造成蜂窩組織炎！

1. **定時定期做好牙齒及口腔保健**：牙醫師除了幫他治療齲齒外，順便幫他洗牙，以減少細菌附著在牙結石處，產生口臭；並且一定要每天至少兩次正確的刷牙，同時要刷到牙齦及舌頭。每天使用牙線清潔齒縫食物殘渣，以及使用舌苔清潔器。

2. **治療鼻過敏及鼻涕倒流疾病**：銓允的嚴重鼻涕倒流，是急性鼻竇炎合併過敏性鼻炎所造成。用藥物先根治急性鼻竇炎後，接著就是過敏性鼻炎的日常保養，請詳見過敏性鼻炎一章。重點是交代他：千萬不要再動不動再因為癢，而去摳挖鼻子，造成感冒或再度鼻竇感染，而引起口臭。

3. **用益生菌漱口，增加口腔及腸胃道的好菌**：仔細詢問，發現銓允還有便祕的問題，而便祕或多或少也會造成口臭。我請爸爸媽媽督促他多喝水，及一天至少吃五份蔬果。還教他用冷開水加益生菌漱口後吞下去，以增加口腔及腸胃道的好菌，一次解決口臭及便祕兩項問題。

經過漫長的五個月，銓允的牙齒療程終於結束。不但已經沒有口臭，他因為蛀牙及便祕所造成的食慾不振，也已經消失；並且體重增加了兩公斤，爸爸媽媽都很高興。

CH11

偏頭痛

偏頭痛非大人專利，受苦兒童也不算少

佑玲目前小六，從小一開始就會頭痛，都是在兩邊頭部顳側（近太陽穴附近）為主，有時單側，有時雙側。痛的時候，感覺是會跳一下、跳一下的悸動式頭痛。痛之前沒有任何的前兆，有時在痛的時候，會有噁心嘔吐的現象。一週發作一到兩次，每次持續數小時左右，休息一下之後就會減緩。

之前雖然會痛，但是不至於影響日常生活；最近幾週卻加劇，幾乎每天都痛，而且必須吃止痛藥才能止住，甚至已經好幾天無法上學了。

病情分析

偏頭痛源於多重基因及環境因素交互影響

偏頭痛（Migraine）是兒童青少年時期，最常見的原發性頭痛原因，也是成人神經科最常見的神經疾患之一。

偏頭痛的症狀特徵是包括雙側或單側頭部悸動（Throbbing）式頭痛，痛時常伴隨一些症狀，諸如：畏光、畏聲（phonophobia）、噁心嘔吐或動作敏感（movement sensitivity）。

截至目前的研究，認為偏頭痛的原因是由於原發性神經元功能異常，導致顱內外一系列的變化造成，可能有多重基因及環境因素交互影響。

其實，在七歲前，就已有二•五％的兒童有偏頭痛，隨年齡逐漸上升。成人期約十二％的人為此所苦，女性又比男性多；其中高達四分之三的比例，像佑玲一樣，都屬於無先兆的偏頭痛。

大多數種類的偏頭痛，有家族遺傳傾向，不過基因遺傳方式尚待釐清；但是一種特殊的家族偏癱式偏頭痛（Familial hemiplegic migraine），已確認為是基因異常導致的離子通道病變（channelopathies）所造成。

偏頭痛的典型症狀表現

在臨床上偏頭痛的發作表現，如果以典型的偏頭痛為例，會在數小時至數週內，經歷四個階段：

1. **前驅症狀（prodrome）：**七十%的患者，在偏頭痛發作前數小時至兩天前出現前驅症狀，表現可以是頻繁呵欠、欣快感、憂鬱、躁動不安、暴食、便祕、倦怠及脖子僵硬等。

2. **先兆期：**偏頭痛患者中有四分之一的人屬於有先兆的偏頭痛，才會出現先兆期。傳統上，認為此時期過後才會出現頭痛，但最近研究認為此時期已開始頭痛。通常時間短於一小時，可以是眼前出現閃光或影子、耳朵出現耳鳴或噪音、身體感覺異常或疼痛，甚至短暫失去視聽覺等症狀。

3. **頭痛期：**每次發作持續四到七十二小時，單側或雙側頭部悸動（Throbbing）式頭痛，中到嚴重痛度，一般活動如走路等會使其加劇；有時合併噁心嘔吐或畏光、畏聲，睡眠後可減緩；小孩偏頭痛通常以雙側頭痛為主。

4. **頭痛後期**：病患通常感覺筋疲力竭，有時頭忽然轉動，會引發原頭痛部位再次頭痛。

兒童醫學小教室

認識國際頭痛疾病分類

國際頭痛疾病分類（The International Classification of Headache Disorders 3, ICHD-3）關於偏頭痛，共有六項分類，簡單說明如下：

1. **無先兆的偏頭痛**（Migraine without aura）：每次發作持續四到七十二小時，單側或雙側頭部悸動（Throbbing）式頭痛，中到嚴重痛度，一般活動如走路等會使其加劇，有時合併噁心嘔吐或畏光、畏聲，且頭痛無法用 ICHD-3 其他的診斷來解釋。

2. **有先兆的偏頭痛**（Migraine with aura）：除了出現上述無先兆的頭痛症狀外，在頭痛發作前，會先出現可回復的視覺、感覺等先兆。

3. **慢性偏頭痛**：一年有三個月以上，每月頭痛次數大於十五天，而且這十五天的頭痛日子中，至少有八天符合偏頭痛的型式。

4. **偏頭痛併發症**：包含偏頭痛重積狀態（Status migrainosus）、持續先兆而未有腦梗塞（Persistent aura without infarction）、偏頭痛有腦梗塞（Migrainous infarction）及偏頭痛的先兆誘發抽筋發作（Migraine aura-triggered seizure）。

5. **可能是偏頭痛**：不完全符合所有的偏頭痛診斷標準的頭痛。

6. **偏頭痛相關之陣發性症候群**（Episodic syndromes that may be associated with migraine）：包含週期性嘔吐症候群、腹部偏頭痛、良性陣發性暈眩（Benign paroxysmal vertigo）嬰兒期良性陣發性斜頸（Benign paroxysmal torticollis of infancy）。

整體療法

藥物治療以救急，配合改變生活作息減少誘發因子

一、用藥目的在於提升生活品質

治療方面，輕中度急性頭痛發作，可以只先用止痛藥治療；重度急性頭痛發作，以止痛藥加上翠普登（Triptans）類藥物為主，也可考慮麥角胺（Ergotamine）類藥物；如合併嘔吐，口服藥物則改成注射劑型，也可加上止吐劑。

翠普登類及麥角胺類藥物，對於患有缺血性心臟病、高血壓、缺血性中風病史及有腦幹先兆症狀或家族偏癱式偏頭痛患者，建議最好禁止使用。

如果發作太過頻繁而造成生活品質下降、對急性治療無效、對急性治療藥物有禁忌等，可考慮長期給予預防性用藥。預防性用藥，可略分為：beta阻斷劑（Betablockers）、抗憂鬱劑（Antidepressants）、抗癲癇藥物（Anticonvulsants）、抑鈣素基因系胜肽（calcitonin gene-related peptide, CGRP）；兒童患者首選藥是常用的賽庚啶（Cyproheptadine）。

二、留意生活細節以避免誘發頭痛

急性發作時，患者最好能在安靜幽暗的房間躺著休息，會有很大的幫助，因為噪音、強光都會加重頭痛。如果可以睡著最好，醒來時頭痛會改善很多。平日預防應特別注意：維持好的睡眠品質、養成固定運動習慣、注意飲食、適度飲水及避免誘發因子。

常見誘發因子包括醃製肉類、巧克力、乳酪、酒類、咖啡因飲料、味精、人工甘味劑、心理壓力、季節環境改變、月經，甚至特定光線及味道，都可能誘發患者發作偏頭痛。

兒童青少年不適合攝取咖啡因飲料。雖然成人急性偏頭痛發作時，一杯咖啡因飲料可以使腦部血管收縮而緩解偏頭痛。可是，若一周有三天以上有喝咖啡因飲料，反而會造成依賴性，而可能增加偏頭痛發作頻率。

偏頭痛的不開藥處方箋

營養功能醫學在偏頭痛的預防及治療上，有非常多的研究佐證。適當地補充營養素，也可有效減緩偏頭痛的症狀！如果想另外補充營養素，可以視孩子檢測狀況先考慮維生素 B_2、維生素D、葉酸、魚油及維生素E；有助益的營養素條列如下：

①**維生素 B_2** 在成人偏頭痛方面，早已確立可以用在預防偏頭痛的地位。多篇研究報告也顯示，用在預防兒童偏頭痛方面，也一樣有效[1][2][3][4]！

②由於偏頭痛可能成因中包含粒線體功能缺失，近年來可幫助粒線體功能的熱門營養保健品**輔酵素 Q_{10}**，也被證實為一安全有效的預防保健品[5]。

③補充**鎂**可能也對預防偏頭痛有一定的幫助[6][7]。

④**褪黑激素**不但可以助眠，有研究指出對於預防偏頭痛也有一定角色，甚至效果和藥物相當[8]！

⑤也有報告指出：補充**維生素D**，也對預防偏頭痛有幫助[9]。

⑥時常偏頭痛發作，有可能和太少攝取**魚油**有關聯性[10]。

⑦**銀杏**（ginkgolide B）在一些研究也顯示，可以降低有預兆的偏頭痛發作頻率及次數[11]。

⑧另有研究顯示，**薑黃**預防偏頭痛效果不錯[12]。

⑨補充**葉酸**、**維生素**B_6、**維生素**B_{12}，可藉由降低同半胱胺酸（Homocysteine），而降低有先兆偏頭痛的嚴重度[13,14]。

⑩**維生素E**藉降低前列腺素（Prostaglandin），而可治療經期偏頭痛（menstrual migraine）[15]。

⑪作為強抗氧化劑的**維生素C**，可用來協同治療頑固型偏頭痛[16]。

⑫體內**色胺酸**過低，會加重偏頭痛患者症狀[17]。

⑬**益生菌**可能藉由降低體內發炎反應，減緩偏頭痛發作次數及頻率[18]。

⑭**菸鹼酸**被證實可用於治療偏頭痛[19]。

⑮**α-次亞麻油酸**對於預防偏頭痛發作有顯著效果[20]。

⑯無先兆的偏頭痛患者，體內**纈氨酸**及**白胺酸**偏低[21]。

⑰**5-羥色胺酸**為血清張力素（Serotonin）的前驅物，對預防偏頭痛發作可能有效[22]。

⑱研究發現有缺鐵性貧血患者，易合併偏頭痛[23]。

⑲偏頭痛患者體內穀胱甘肽偏低，以至於氧化壓力過高[24]。

⑳神奇的是葡萄糖胺可能藉由干擾肥大細胞，而達成預防偏頭痛發作[25]。

㉑薑具有媲美翠普登類藥物的治療偏頭痛效果[26]，而且副作用更少。

㉒偏頭痛患者體內銅、鎂、鋅偏低，而鎘（Cadmium）、錳、鉛（lead）偏高[27]。

效果見證

功課壓力是造成偏頭痛的導火線，運動紓壓加上補充缺乏營養素

佑玲的神經學檢查起來都正常，甚至在就診前，因為頭痛劇烈，在其他醫院作的腦部核磁共振檢查，也都沒有問題。她目前除了在發作時固定會吃止痛藥外，甚至還要加上英明格（Sumatriptan）鼻噴劑才能緩解。平時還有服用作為預防性用藥的賽庚啶及普萘洛爾（propranolol），不過顯然控制不佳。

1. **找出壓力來源：**佑玲正在準備私立國中考試，忙碌的補習及心理壓力，顯然是偏頭痛症狀急遽惡化的主因。我請父母及她，都要放寬心情，只要盡其在我，一切順其自然。不然按照目前的情況，再不做出些改變，不要說私中，就連正常學校生活，都無法延續下去。他們商量後，最終決定把課後補習的日數，從一週五天，減少到兩天；只剩下她最弱的數學，仍持續補習。

2. **抽出時間運動，並補鎂助眠：**因為忙碌及壓力大，她已經很久沒有運動，晚上也睡不好。我請父母一定要把省下的補習時間，帶佑玲出去走走，一週三次，每次半小時到一小時；這可以紓解壓力，也有助於睡眠。睡前幫她補充鎂離子，可以有效幫助睡眠，也可以緩解頭痛。

3. **戒掉愛吃的加工食品：**她平時愛吃的香腸、巧克力，還有奶茶，我都勸說一定要慢慢戒掉，以免讓偏頭痛更難以控制。

4. **補足缺乏營養素：**她的營養素檢測結果，顯示維生素D、ω-3脂肪酸、維生素B_{12}及維生素C都是缺乏或不足，所以幫她另外補充。另外還加上，可以有效預防偏頭痛的維生素B_2。

預防偏頭痛，生活細節不可少

維持好的
睡眠品質
養成固定
運動習慣
注意飲食
適度飲水
避免誘發因子
・醃製肉類、巧克力、乳酪
・酒類、咖啡因飲料
・味精、人工甘味劑
・壓力、季節環境改變
補充營養素
・維生素 B2、D、E
・葉酸、魚油

接下來三個月，隨著頭痛症狀逐漸減輕，因為急性偏頭痛發作要吃的止痛藥及英明格都有一陣子沒用了，我把普萘洛爾停掉，只剩下睡前預防發作的半顆賽庚啶。她也早已恢復正常的學校生活，重點是，不再因為沉重升學壓力，而患得患失了！回診時，臉上也有了久違的笑容。

附錄一　富含特定營養素的食物

使用說明：
營養素先簡單分為下列四大類：蛋白質及胺基酸、維生素、礦物質及其他類營養素。接著在營養素所屬種類中，可以找到對孩子病情有益的營養素，以及富含該營養素的食物。原則上，排名越前的食物，在同樣重量中，該營養素含量越高（營養素以注音符號排序）。

蛋白質及胺基酸

- **丙胺酸**（Alanine）：海苔、紅毛苔、小魚干、紫菜、豬皮、牛筋、小麥胚芽、豬腳、豬耳朵、豬肉、鴕鳥肉、鮭魚、蝦子、海螺、豬尾巴、牛肉、黃豆、髮菜
- **白胺酸**（Leucine）：乾酪、海苔、奶粉、淡菜、麵筋、紅毛苔、黃豆、豆干、鯖魚、豬肉、瓜子、牛肉、南瓜子、花生、鴕鳥肉、鮭魚、雞肉、小麥胚芽、鯛魚、鯧魚
- **半胱胺酸**（Cysteine）：魚肉、豬肉、海鮮、蝦子、內臟、魚卵
- **苯丙胺酸**（Phenylalanine）：麵筋、蝦米、奶粉、花生、海苔、黃豆、瓜子、豆干、南瓜子、花生、葵瓜子、紅毛苔、杏仁、綠豆、豬肉、乾酪、紅豆、雞肉
- **脯胺酸**（Proline）：麵筋、乾酪、豬皮、奶粉、牛筋、乳酪、豬腳、豬耳朵、櫻花蝦、豬尾巴、蝦米、雞腳、小麥、黃豆、海苔、淡菜、紫菜、花生、豆干
- **麩醯胺酸**（L-Glutamine）：牛肉、雞肉、豬肉、魚肉、雞蛋、牛奶、乳製品、堅果、豆類、菠菜
- **麩胺酸**（Glutamate）：乳酪、奶粉、葵瓜子、黃豆、瓜子、花生、杏仁、南瓜子、海苔、葵瓜子、芝麻、鯖魚、豬肉、腰果、小麥、菠菜、亞麻仁子、小麥胚芽、鴕鳥肉、牛肉
- **大米蛋白**（Rice protein）：稻米
- **天門冬胺酸**（Aspartic acid）：海苔、黃豆、花生、豆干、紅毛苔、鯖魚、瓜子、南瓜子、杏仁、乾酪、豬肉、小麥胚芽、髮菜、鮭魚、海螺、鴕鳥肉、牛肉、紫菜、鯛魚、鯧魚、雞肉、帶魚
- **離胺酸**（Lysine）：豬肉、鴕鳥肉、牛肉、鮭魚、鯛魚、奶粉、海苔、鯧魚、竹筴魚、雞肉、黃豆、帶魚、小黃魚、鴨肉、鯖魚
- **酪胺酸**（Tyrosine）：乾酪、奶粉、海苔、花生、紅毛苔、麵筋、黃豆、豆干、鯖魚、南瓜子、瓜子、豬肉、鮭魚、紫菜、牛肉、螃蟹、鴕鳥肉、鴨肉
- **胱胺酸**（Cystine）：麵筋、豬肚、牛肉、豬肉、雞蛋、肝臟、干貝、小麥胚芽、小魚干、牛肚、雞肉、豬腳、羊肉、腰子、豬耳朵、黃豆、紫菜、鴨肉、瓜子、雞肉、花生
- **甘胺酸**（Glycine）：豬皮、牛筋、豬耳朵、豬腳、櫻花蝦、豬尾、小魚干、雞腳、蝦米、海苔、花生、豆干、牛肚、瓜子、豬肚、淡菜、海螺、蝦子、紫菜

• **甲硫胺酸**（Methionine）：海苔、鮭魚、奶粉、鯧魚、豬肉、帶魚、黃魚、鴕鳥肉、鯛魚、牛肉、鯖魚、火雞肉、雞肉、虱目魚、南瓜子、鱸魚

• **纈胺酸**（Valine）：海苔、奶粉、乾酪、櫻花蝦、紅毛苔、鯖魚、黃豆、紫菜、麵筋、瓜子、豬肉、小麥胚芽、豆干、鮭魚、南瓜子、葵瓜子、花生

• **精胺酸**（Arginine）：瓜子、南瓜子、花生、海苔、黃豆、芝麻、葵瓜子、杏仁、核桃、腰果、小麥胚芽、豆干、蝦子、海螺、豬肉、豬腳、豬皮、鯖魚

• **5-羥色氨酸**（**L-5-Hydroxytryptophan**）：由色胺酸代謝而來。白鳳豆、淡菜、紅毛苔、大紅豆、瓜子、干貝、海苔、黃豆、火雞肉、鱸魚、小魚干、豆腐、豆干、蝦米、白帶魚、鮭魚、南瓜子、花生、腰果

• **乳清蛋白**（whey）：水解乳清蛋白、分離乳清蛋白、濃縮乳清蛋白、牛奶。

• **組胺酸**（Histidine）：海鱺、虱目魚、鯖魚、竹筴魚、秋刀魚、干貝、蝦米、牛肉、羊肉、奶酪、豬肉、鯛魚、雞肉、火雞肉、黃豆、鮭魚、雞蛋

• **絲胺酸**（Serine）：海苔、奶粉、麵筋、櫻花蝦、黃豆、南瓜子、花生、瓜子、豆干、蛋黃、小麥胚芽、蓮子、綠豆、紫菜、鯖魚、白鳳豆、豬肉

• **蘇胺酸**（Threonine）：海苔、紅毛苔、蝦米、奶粉、干貝、鯖魚、黃豆、豬肉、紫菜、髮菜、牛肉、小麥胚芽、鮭魚、豆干、鴕鳥肉、雞肉、鴨肉、鯛魚

• **色胺酸**（Tryptophan）：白鳳豆、淡菜、紅毛苔、大紅豆、瓜子、干貝、海苔、黃豆、火雞肉、鱸魚、小魚干、豆腐、豆干、蝦米、白帶魚、鮭魚、南瓜子、花生、腰果

• **異白胺酸**（Isoleucine）：淡菜、乾酪、海苔、黃豆、豆干、鯖魚、麵筋、豬肉、瓜子、牛肉、瓜子、葵瓜子、鴕鳥肉、鮭魚、南瓜子、雞肉

• **優質蛋白質**（High quality protein）：雞蛋、牛奶、魚、雞肉、牛肉、羊肉、豬肉、黃豆製品

維生素

• **泛酸**（Pantothenic acid）：酵母菌、肝臟、腰子、雞肉、蛋、魚肉、番薯、全麥麵包、牛奶、豌豆、花椰菜、蘑菇

• **膽鹼**（**又名膽素，**Choline）：雞蛋、乳製品、牛肉、雞肉、魚肉、堅果類、黃豆、花椰菜、甘藍、蘑菇、藜麥

• **肌醇**（Inositol）：小麥胚芽、豌豆、柳橙、哈密瓜、葡萄柚、桃子、肝臟、高麗菜、地瓜、葡萄乾

• **生物素**（Biotin）：肝臟、腰子、酵母菌、蛋、雞肉、全麥麵包、羊肉、豬肉、白米、乳製品、牛肉

• **葉酸**（Folate）：竹笙、肝臟、海苔、酵母菌、黑豆、綠豆、紫菜、香菇、小麥胚芽、葵瓜子、菠菜、花生、白木耳、蛋黃、韭菜、空心菜

- **菸鹼素（Niacin，包括菸鹼酸 Nicotinic acid，及菸鹼醯胺 Nicotinamide 兩種成分）**：香菇、竹笙、花生、肝臟、酵母菌、海苔、牛肉、豬肉、雞肉、魚類、蛋、牛奶、乳酪、堅果、糙米、胚芽米、紫菜
- **維生素A**（Vitamin A）：肝臟、魚肝油、胡蘿蔔、空心菜、番薯、菠菜、乳酪、蛋黃、鮭魚、南瓜、黑豆、青花椰菜、彩椒
- **維生素**B_1（Vitamin B_1，**又稱硫胺素**）：糙米、胚芽米、小麥胚芽、葵瓜子、麥片、酵母菌、豬肉、鵝肉、香菇、花生、芝麻、腰果、黃豆、綠豆、黑豆、燕麥
- **維生素**B_2（Vitamin B_2）：肝臟、麥片、海苔、竹笙、香菇、紫菜、腰子、九孔、酵母、螃蟹、蛤蠣、木耳、杏仁、蛋黃、金針、乳酪、小麥胚芽
- **維生素**B_6（Vitamin B_6）：愛玉子、金針、海茸、麥片、大蒜、螃蟹、海帶芽、胚芽米、小麥胚芽、花生、葵瓜子、酵母菌、木耳、開心果、香菇、肝臟
- **維生素**B_{12}（Vitamin B_{12}）：海苔、九孔、紅毛苔、紫菜、肝臟、小魚干、蛤蠣、牡蠣、魚卵、竹筴魚、鯖魚、腰子、秋刀魚、蝦、小卷、章魚、干貝、鮭魚、螃蟹
- **維生素C**（Vitamin C）：香椿、芭樂、彩椒、釋迦、龍眼、奇異果、甜柿、香菜、甘藍芽、木瓜、草莓、柳橙、番茄、荔枝、楊桃、花椰菜、苦瓜、羽衣甘藍、芽菜、芥藍、菠菜
- **維生素D**（Vitamin D，須配合每日曬太陽十五分鐘）：肝臟、魚肝油、牛奶、乳酪、蛋黃、鮭魚、沙丁魚、鯖魚、胡蘿蔔、菠菜、蘑菇、黑木耳、香菇
- **維生素E**（Vitamin E）：各種植物油、葵花子、榛子、杏仁、核桃、芝麻、小麥胚芽、花生、黃豆、南瓜子
- **維生素K**（Vitamin K）：菠菜、空心菜、甘藍菜、綠豆、萵苣、青花椰菜、香菜、蓮藕、豌豆、胡蘿蔔、肝臟、魚肝油、乳酪、蛋黃

礦物質

- **鉬**（Molybdenum）：豌豆、綠豆、深綠色蔬菜、糙米、肝臟、腰子
- **鎂**（Magnesium）：海茸、海帶、南瓜子、瓜子、葵瓜子、巧克力、紫菜、芝麻、櫻花蝦、海苔、小麥胚芽、杏仁、腰果、蝦、松子、腰果、花生、魚肉、黃豆
- **錳**（Manganese）：亞麻仁子、薑、茶、鷹嘴豆、薑黃、榛子、芝麻、小麥胚芽、松子、木耳、蓮子、香菇
- **氟**（Fluorine）：雞肉、魚肉、芋頭、山藥、樹薯
- **碘**（Iodine）：加碘鹽、海苔、海帶、紫菜、海魚、蛤蠣、蝦子、螃蟹、干貝、魚肝油
- **鐵**（Iron）：紅毛苔、紫菜、肝臟、髮菜、豬血、鴨血、海苔、巧克力、竹笙、豬血糕、紅莧菜、南瓜子、酵母菌、黑芝麻、腰子

- **銅**（Copper）：亞麻仁子、香菇、鴨蛋、雞蛋、腰果、番薯、梨、豌豆
- **磷**（Phosphorus）：酵母菌、豬腳、南瓜子、櫻花蝦、小麥胚芽、瓜子、猴頭菇、海苔、小魚干、木耳、芝麻、干貝、牛奶、蛋黃、吻仔魚
- **鉻**（Chromium）：鮭魚、鯖魚、蝦子、肝臟、腰子、心臟、雞肉、雞蛋、綠花椰菜、黃豆、豬肉、鴨肉、大麥、香菇、蘿蔔、牛肉、羊肉、豌豆
- **氯**（Chlorine）：蔥、青椒、茄子、龍鬚菜、韭菜、絲瓜、洋蔥、苦瓜、黃瓜、冬瓜、豌豆
- **鈣**（Calcium）：櫻花蝦、小魚干、芝麻、蝦皮、髮菜、乳酪、牛奶、豆干、海帶、紫菜、杏仁、甘藍菜、紅毛苔、豆腐、吻仔魚、菠菜
- **鉀**（Potassium）：低鈉鹽、紅毛苔、海帶、巧克力、芹菜、猴頭菇、紫菜、海苔、木耳、銀耳、竹笙、豆類、蔬菜、水果
- **硒**（Selenium）：肝臟、腰子、海魚、螃蟹、蝦子、豬肉、大蒜、糙米、大麥、鮮蘑菇
- **鋅**（Zinc）：牡蠣、小麥胚芽、豬腳、螃蟹、南瓜子、木耳、肝臟、魚卵、香菇、牛肉、松子、小魚干、酵母菌、淡菜、腰果、瓜子、蛤蠣

其他類營養素

- **表沒食子兒茶素沒食子酸酯**（Epigallocatechin Gall ate）：綠茶、紅茶、黑葡萄、黑莓
- **白藜蘆醇**（Resveratrol）：葡萄的果皮和種子、紅葡萄酒、藍莓、覆盆子、桑椹、鳳梨、花生
- **蘋果酸**（Malic acid）：蘋果、山楂、葡萄
- **葡萄糖胺**（Glucosamine）：蝦子、螃蟹、雞翅、山藥、木耳、海藻、海帶、軟骨
- **輔酶Q_{10}**（Coenzyme Q10）：鯖魚、沙丁魚、牛肉、雞肉、黃豆、橄欖油、花生、胡桃、腰果、菠菜、花椰菜
- **對胺基安息香酸**（p-Aminobenzoic acid, PABA）：肝臟、腰子、啤酒酵母、全麥麵包、蘑菇
- **大豆異黃酮**（Soy Isoflavones）：黃豆、豆漿、豆腐、豆干、豆粉、素肉、納豆、味噌
- **甜菜鹼**（Betaine）：藜麥、甜菜、全麥麵包、菠菜、義大利麵、葵瓜子、番薯、肝臟、牛肉、雞肉、杏鮑菇、羊肉、蘑菇
- **褪黑激素**（Melatonin）**原料**（**含有色胺酸** Tryptoph an，**及血清素** Serotonin **的食物**）：核桃、玉米、糙米、薑、花生、燕麥、蘆筍、番茄、洋蔥、黃瓜、櫻桃、香蕉、牛奶、芝麻、南瓜子、杏仁果

- **牛磺酸**（Taurine）：鯖魚、竹筴魚、沙丁魚、蛤蠣、牡蠣、蝦子、章魚、紫菜、肝臟、心臟
- **檸檬酸**（Citric acid）：檸檬、柳橙、橘子、番茄、葡萄柚、草莓、梅子
- **檸烯**（Limonene）：柑橘屬果皮
- **綠原酸**（Chlorogenic acid）：咖啡、蘋果、梨、桃、櫻桃、葵瓜子、馬鈴薯、番薯、大豆、小麥、綠茶
- **類黃酮**（Flavonoids）：柑橘類水果、蘋果、梨子、茶、草莓、葡萄、西洋芹、香菜、黃豆
- **穀胱甘肽**（Glutathione，**生食含量較高**）：蘆筍、酪梨、菠菜、秋葵、花椰菜、哈密瓜、番茄、紅蘿蔔、葡萄柚、柳橙
- **果寡糖**（Fructooligosaccharides）：洋蔥、蘆筍、牛蒡、香蕉、小麥、黃豆、大蒜
- **D-甘露醣**（D-Mannose）：蔓越莓、蘋果、橘子、桃子、花椰菜、四季豆
- **柑橘生物類黃酮**（Citrus Bioflavonoids）：柳橙、檸檬、葡萄柚、橘子
- **甘草甜素**（Glycyrrhiza）：甘草
- **甘草酸**（Glycyrrhizic acid）：甘草
- **槲皮素**（Quercetin）：洋蔥、檸檬、柳丁、蘋果、青椒、番茄、綠茶、葡萄皮、柑橘類水果
- **β-胡蘿蔔素**（beta-Carotene）：海苔、胡蘿蔔、番薯、香椿、香菜、小番茄、紅杏菜、菠菜、芥藍、萵苣、南瓜、地瓜葉、芒果、哈密瓜、韭菜、甜椒、豌豆、綠花椰菜
- **紅麴**（Monascus purpureus）：紅麴米、紅糟肉、紅麴腐乳
- **肌酸**（Creatine）：鯡魚、豬肉、牛肉、鮭魚、鮪魚、鱈魚
- **甲基硫醯基甲烷**（Methylsulfonylmethane，MSM）：大蒜、洋蔥、韭菜、高麗菜、綠花椰菜、水果、肉類、魚類、牛奶
- **芥蘭素**（Indole-3-Carbinol）：青花椰菜、花椰菜、大白菜、小白菜、紫甘藍、結球甘藍（即高麗菜）、羽衣甘藍、芥菜、油菜、白蘿蔔、萵苣、櫻桃蘿蔔
- **膠原蛋白II型**（Collagen Type II）：雞軟骨、雞腳、豬耳朵、豬腳
- **金雀異黃酮**（Soy Genistein）：豆腐、豆漿、毛豆、味噌
- **薑黃素**（Curcumin）：薑黃、咖哩、黃芥末、薑
- **齊墩果酸**（Oleanolic acid）：橄欖油、橄欖
- **茄紅素**（Lycopene）：番茄醬、番茄汁、番茄、紅芭樂、木瓜、西瓜、葡萄柚
- **消化（食物）酵素**（Digestive enzymes）：鳳梨、木瓜、奇異果、香蕉、味增、酸菜、蜂蜜、納豆、芽菜、蘋果、

葡萄、草莓、胡蘿蔔、西瓜、酪梨、花椰菜、薑、豆子、小麥等

- **植物固醇**（Phytosterol）：橄欖油、花生油、葵花籽油、芝麻、腰果、杏仁、開心果、南瓜籽、豆類、露筍、椰菜花、橙、香蕉、杏、酪梨
- **茶胺酸**（L-Theanine）：紅茶、綠茶
- **水飛薊素**（Silymarin）：奶薊
- **膳食纖維**（Dietary fiber）：五穀類，包含米、大麥、玉米、燕麥、小麥、蕎麥、裸麥、薏仁等。豆類，包含黃豆、黑豆、紅豆、綠豆等及其製品。根莖類，包含番薯、馬鈴薯、芋頭。蔬菜類，包含芹菜、南瓜、酸菜、萵苣、花椰菜、豆苗、洋山芋及莢豆類。水果類，包含橘子、葡萄、李子、葡萄乾、無花果、櫻桃、柿子、蘋果、草莓。
- **生物類黃酮**（Bioflavonoid）：柳橙、檸檬、葡萄柚、橘子、葡萄、草莓、櫻桃、李子、甜瓜、杏、木瓜、胡椒、甘藍，番茄、茶、咖啡、可可、紅酒
- **軟骨素**（Chondroitin）：鰻魚、山藥、納豆、動物軟骨
- **鞣花酸**（Ellagic acid）：黑莓、覆盆子、草莓、蔓越莓、山核桃、石榴、枸杞、葡萄
- **肉鹼（又稱左旋肉酸，L-Carnitine）**：牛肉、羊肉、雞蛋、牛奶、動物內臟
- **α-次亞麻油酸**（α-Linolenic acid, ALA）：亞麻仁油、亞麻仁子、奇亞子、核桃、沙拉油、松子、沙拉醬、芝麻油、沙茶醬、麵筋、花生油、麻油
- **γ次亞麻油酸**（γ-Linolenic acid）：琉璃苣、黑醋栗、月見草
- **異麥芽寡糖**（Isomalto-oligosaccharides, IMO）：大豆、蕃薯、牛蒡、洋蔥、花椰菜
- **益生菌**（Probiotics）：優酪乳、優格、泡菜、德國酸菜、納豆、味噌、乳酪
- **葉黃素**（Lutein）：蘿蔔葉、菠菜、地瓜葉、南瓜、綠花椰菜、胡蘿蔔、蛋、柳丁、番茄、高麗菜
- **魚油（主成分為ω-3脂肪酸，Fish oil, Omega -3 fatty acids）**：秋刀魚、鯖魚、鮭魚、烏魚、石斑魚、鰹魚、肉鯽、白鯧魚、金線魚
- **玉米黃素**（Zeaxanthin）：玉米、南瓜、柳橙、菠菜、芥藍
- **兒茶素**（Catechin）：黑莓、可可粉、黑巧克力、黑葡萄、綠茶、巧克力牛奶、紅茶
- **二十二碳六烯酸**（Docosahexaenoic acid，即DHA）：鯖魚、秋刀魚、鮭魚、鯧魚、海鱺、小魚干、柴魚、淡菜

<table>
<tr><th colspan="2">蛋白質
公克
(g)</th><th colspan="2">維生素 A
微克
(μg RE)</th><th>維生素 D
微克
(μg)</th><th>維生素 E
毫克
(mg α-TE)</th><th>維生素 K
微克
(μg)</th><th>維生素 C
毫克
(mg)</th></tr>
<tr><td colspan="2">2.3/ 公斤</td><td colspan="2">AI=400</td><td>10</td><td>3</td><td>2.0</td><td>AI=40</td></tr>
<tr><td colspan="2">2.1/ 公斤</td><td colspan="2">AI=400</td><td>10</td><td>4</td><td>2.5</td><td>AI=50</td></tr>
<tr><td colspan="2">20</td><td colspan="2">400</td><td>5</td><td>5</td><td>30</td><td>40</td></tr>
<tr><td colspan="2">30</td><td colspan="2">400</td><td>5</td><td>6</td><td>55</td><td>50</td></tr>
<tr><td colspan="2">40</td><td colspan="2">400</td><td>5</td><td>8</td><td>55</td><td>60</td></tr>
<tr><td>男
55</td><td>女
50</td><td>男
500</td><td>女
500</td><td>5</td><td>10</td><td>60</td><td>80</td></tr>
<tr><td>70</td><td>60</td><td>600</td><td>500</td><td>5</td><td>12</td><td>75</td><td>100</td></tr>
<tr><td>75</td><td>55</td><td>700</td><td>500</td><td>5</td><td>13</td><td>75</td><td>100</td></tr>
</table>

附錄二 兒童每日膳食營養素建議

表一：兒童每日膳食營養素建議攝取量

營養素	身高 公分 (cm)		體重 公斤 (kg)		熱量 大卡 (kcal)	
0-6 月	男 61	女 60	男 6	女 6	100/ 公斤	
7-12 月	72	70	9	8	90/ 公斤	
1-3 歲 (稍低) (適度)	92	91	13	13	男 1150 1350	女 1150 1350
4-6 歲 (稍低) (適度)	113	112	20	19	1550 1800	1400 1650
7-9 歲 (稍低) (適度)	130	130	28	27	1800 2100	1650 1900
10-12 歲 (稍低) (適度)	147	148	38	39	2050 2350	1950 2250
13-15 歲 (稍低) (適度)	168	158	55	49	2400 2800	2050 2350
16-18 歲 (低) (稍低) (適度) (高)	172	160	62	51	2150 2500 2900 3350	1650 1900 2250 2550

表中未標明 AI（足夠攝取量 Adequate Intakes）值者，即為 RDA（建議量 Recommended Dietary Allowance）值。

	菸鹼素 毫克 (mg NE)		維生素 B_6 毫克 (mg)		維生素 B_{12} 微克 (μg)		葉酸 微克 (μg)	泛酸 毫克 (mg)
	AI=2		AI=0.1		AI=0.4		AI=70	1.7
	AI=4		AI=0.3		AI=0.6		AI=85	1.8
	9		0.5		0.9		170	2.0
	男 12	女 11	0.6		1.2		200	2.5
	14	12	0.8		1.5		250	3.0
	15	15	1.3		男 2.0	女 2.2	300	4.0
	18	15	男 1.4	女 1.3	2.4		400	4.5
	18	15	1.5	1.3	2.4		400	5.0

表一：兒童每日膳食營養素建議攝取量（續）

營養素	身高 公分 (cm)		體重 公斤 (kg)		維生素 B1 毫克 (mg)		維生素 B2 毫克 (mg)	
0-6 月	男 61	女 60	男 6	女 6	AI=0.3		AI=0.3	
7-12 月	72	70	9	8	AI=0.3		AI=0.4	
1-3 歲	92	91	13	13	0.6		0.7	
4-6 歲	113	112	20	19	男 0.9	女 0.8	男 1	女 0.9
7-9 歲	130	130	28	27	1.0	0.9	1.2	1.0
10-12 歲	147	148	38	39	1.1	1.1	1.3	1.2
13-15 歲	168	158	55	49	1.3	1.1	1.5	1.3
16-18 歲	172	160	62	51	1.4	1.1	1.6	1.2

表中未標明 AI（足夠攝取量 Adequate Intakes）值者，即為 RDA（建議量 Recommended Dietary Allowance）值。

	磷 毫克 (mg)	鎂 毫克 (mg)		鐵 毫克 (mg)	鋅 毫克 (mg)		碘 微克 (μg)	硒 微克 (μg)	氟 毫克 (mg)
	200	AI=25		7	5		AI=110	AI=15	0.1
	300	AI=70		10	5		AI=130	AI=20	0.4
	400	80		10	5		65	20	0.7
	500	120		10	5		90	25	1.0
	600	170		10	8		100	30	1.5
	800	男 230	女 230	15	10		110	40	2.0
	1000	350	320	15	男 15	女 12	120	50	3.0
	1000	390	330	15	15	12	130	55	3.0

表一：兒童每日膳食營養素建議攝取量（續）

營養素	身高 公分 (cm)		體重 公斤 (kg)		膽素 毫克 (mg)		生物素 微克 (μg)	鈣 毫克 (mg)
0-6 月	男 61	女 60	男 6	女 6	140		5.0	300
7-12 月	72	70	9	8	160		6.5	400
1-3 歲	92	91	13	13	180		9.0	500
4-6 歲	113	112	20	19	220		12.0	600
7-9 歲	130	130	28	27	280		16.0	800
10-12 歲	147	148	38	39	男 350	女 350	20.0	1000
13-15 歲	168	158	55	49	460	380	25.0	1200
16-18 歲	172	160	62	51	500	370	27.0	1200

資料來源：衛生福利部網站

表中未標明 AI（足夠攝取量 Adequate Intakes）值者，即為 RDA（建議量 Recommended Dietary Allowance）值。

<table>
<tr><th></th><th>膽素
毫克
(mg)</th><th>鈣
毫克
(mg)</th><th>磷
毫克
(mg)</th><th>鎂
毫克
(mg)</th><th>鐵
毫克
(mg)</th><th>鋅
毫克
(mg)</th><th>碘
微克
(μ g)</th><th>硒
微克
(μ g)</th><th>氟
毫克
(mg)</th></tr>
<tr><td rowspan="2"></td><td rowspan="2"></td><td rowspan="2"></td><td rowspan="2"></td><td rowspan="2"></td><td rowspan="2">30</td><td>7</td><td rowspan="2"></td><td>40</td><td>0.7</td></tr>
<tr><td>7</td><td>60</td><td>0.9</td></tr>
<tr><td></td><td rowspan="3">1000</td><td rowspan="6">2500</td><td rowspan="3">3000</td><td>145</td><td rowspan="4">30</td><td>9</td><td>200</td><td>90</td><td>1.3</td></tr>
<tr><td></td><td>230</td><td>11</td><td>300</td><td>135</td><td>2</td></tr>
<tr><td></td><td>275</td><td>15</td><td>400</td><td>185</td><td>3</td></tr>
<tr><td></td><td rowspan="2">2000</td><td rowspan="3">4000</td><td>580</td><td>22</td><td>600</td><td>280</td><td rowspan="3">10</td></tr>
<tr><td></td><td rowspan="2">700</td><td rowspan="2">40</td><td>29</td><td>800</td><td rowspan="2">400</td></tr>
<tr><td></td><td>3000</td><td>35</td><td>1000</td></tr>
</table>

表二：兒童每日膳食營養素上限攝取量

<table>
<tr><th>營養素
單位
年齡</th><th>維生素 A
微克
(μg RE)</th><th>維生素
D
微克
(μg)</th><th>維生素 E
毫克
(mg
α-TE)</th><th>維生素
C
毫克
(mg)</th><th>維生素
B6
毫克
(mg)</th><th>菸鹼素
毫克
(mg NE)</th><th>葉酸
微克
(μg)</th></tr>
<tr><td>0-6 月</td><td rowspan="2">600</td><td rowspan="2">25</td><td rowspan="2"></td><td rowspan="2"></td><td rowspan="2"></td><td rowspan="2"></td><td rowspan="2"></td></tr>
<tr><td>7-12 月</td></tr>
<tr><td>1-3 歲</td><td>600</td><td rowspan="6">50</td><td>200</td><td>400</td><td>30</td><td>10</td><td>300</td></tr>
<tr><td>4-6 歲</td><td rowspan="2">900</td><td rowspan="2">300</td><td rowspan="2">650</td><td rowspan="2">40</td><td>15</td><td>400</td></tr>
<tr><td>7-9 歲</td><td>20</td><td>500</td></tr>
<tr><td>10-12 歲</td><td>1700</td><td>600</td><td>1200</td><td rowspan="2">60</td><td>25</td><td>700</td></tr>
<tr><td>13-15 歲</td><td rowspan="2">2800</td><td rowspan="2">800</td><td rowspan="2">1800</td><td rowspan="2">30</td><td>800</td></tr>
<tr><td>16-18 歲</td><td>80</td><td>900</td></tr>
</table>

資料來源：衛生福利部網站

附錄三 參考文獻

第1章 總論：增強免疫力

1. Oncotarget. 2017 Jan 3; 8(1): 268–284.
2. The American Journal of Clinical Nutrition, Volume 96, Issue 6, December 2012, Pages 1429–1436
3. Front Immunol . 2018 Apr 16;9:648.
4. J Nutr . 2010 Sep;140(9):1691-7.
5. Eur J Clin Nutr . 2002 Aug;56 Suppl 3:S50-3.
6. Physiol Rev . 2019 Jul 1;99(3):1325-1380.
7. Psychol Bull. 2004 Jul; 130(4): 601–630.
8. Altern Ther Health Med . Mar-Apr 2003;9(2):38-45.
9. J Am Coll Nutr . 2015;34(6):478-87.
10. Chest . 2000 Oct;118(4):1150-7.
11. Exp Cell Res . 2018 Jul 15;368(2):215-224.
12. Arch Intern Med . 2009 Feb 23;169(4):384-90.
13. Mol Med. 2008 May-Jun; 14(5-6): 353–357.
14. Nutrients . 2018 Nov 1;10(11):1614.
15. Nutrients . 2017 Nov 3;9(11):1211.
16. Clin Exp Immunol. 1999 Apr; 116(1): 28–32.
17. Eur J Clin Nutr . 2006 Oct;60(10):1207-13.
18. J Clin Med. 2018 Sep; 7(9): 258.
19. J Crit Care . 2010 Dec;25(4):576-81.
20. J Int Soc Sports Nutr . 2019 Feb 15;16(1):7.
21. Adv Exp Med Biol . 2015;803:109-20.
22. Chem Biol Interact . 2008 May 28;173(2):115-21.
23. Sci Rep . 2019 Mar 25;9(1):5068.
24. Int Immunopharmacol . 2017 Sep;50:194-201.
25. Cell Metab . 2017 Feb 7;25(2):345-357.
26. Mol Nutr Food Res. 2008 Nov; 52(11): 1273–1280.
27. Sci Rep . 2016 Oct 21;6:35851.
28. Phytother Res . 2020 Aug;34(8):1829-1837.
29. Int J Mol Med. 2015 Aug; 36(2): 386–398.
30. Life Sci . 2001 Nov 21;70(1):81-96.
31. Nutrients. 2016 Mar; 8(3): 167.
32. Curr Opin Gastroenterol. 2011 Oct; 27(6): 496–501.
33. Evid Based Complement Alternat Med. 2013; 2013: 606212.
34. Eur J Appl Physiol . 2011 Sep;111(9):2033-40.

35. BMC Complementary and Alternative Medicine 19(1) DOI:10.1186/s12906-019-2483-y
36. Int J Mol Sci. 2019 Oct; 20(20): 5028.
37. Immun Ageing. 2005; 2: 17.
38. Arch Pharm Res . 2007 Jun;30(6):743-9.
39. Drugs Exp Clin Res . 1995;21(2):71-8.
40. J Med Food . 2009 Oct;12(5):1159-65.
41. Biol Res. 2014; 47(1): 15.
42. J Nutr. 2005 Dec;135(12):2857-61.
43. Curr Protein Pept Sci. 2019;20(7):644-651
44. PLoS One . 2015 Oct 16;10(10):e0139631.
45. Ann Transl Med . 2014 Feb;2(2):14.
46. J Nutr. 2009 Sep;139(9):1801S-5S.
47. Acta Pharm Sin B. 2015 Jul; 5(4): 310–315.
48. Int J Gen Med. 2011; 4: 105–113.
49. Amino Acids . 1999;17(3):227-41.
50. J Ginseng Res. 2012 Oct; 36(4): 354–368.
51. J Ethnopharmacol . 2006 Jan 16;103(2):217-22.
52. Prog Food Nutr Sci . 1991;15(1-2):43-60.
53. Br J Nutr . 2002 May;87 Suppl 2:S221-30.
54. J.Allergy Clin. Immunol, 2014, 133(2)
55. J Oral Pathol Med . 2015 Mar;44(3):214-21.
56. Vitam Horm . 2018;108:125-144.
57. Molecules. 2018 Nov; 23(11):2778.
58. Am J Clin Nutr . 1998 May;67(5 Suppl):1064S-1068S.
59. Front Immunol. 2018; 9:2448.
60. Int Immunopharmacol . 2018 Jan;54:261-266.
61. J Lab Clin Med . 1997 Mar;129(3):309-17.
62. Clin Chim Acta . 2008 Mar;389(1-2):19-24.
63. Drug Discov Ther . 2017 Nov 22;11(5):230-237.
64. Molecules. 2012 Jun; 17(6): 7232–7240.
65. J Nutr . 2007 Jun;137(6 Suppl 2):1681S-1686S
66. Journal of Biosciences April 2015 Vol. 22 No. 2, p 67-72
67. Cent Eur J Immunol. 2014; 39(2): 125–130.
68. Cell Reports 28, 3011–3021 September 17, 2019
69. Front Physiol . 2014 Apr 21;5:151.

第2章 過敏性鼻炎

1. Allergy Asthma Immunol Res. 2011 Apr; 3(2): 103–110.
2. Lin Chuang Er Bi Yan Hou Ke Za Zhi. 2002 May;16(5):229-31.
3. European Respiratory Journal , September 2015 , 46(suppl 59):PA2559

4. J Allergy Clin Immunol. 1993 Feb;91(2):599-604.
5. Allergol Int. 2009 Sep;58(3):437-44.
6. Public Health Nutr. 2006 Jun;9(4):472-9.
7. Br J Sports Med. 2012 Jan;46(1):54-8
8. Saudi Med J. 2005 Mar;26(3):421-4.
9. https://pesquisa.bvsalud.org/portal/resource/pt/wpr-467664
10. Allergologie, May 2005 , 28(5):165-171
11. Eur Arch Otorhinolaryngol. 2018 Oct;275(10):2495-2505.
12. Ann Allergy Asthma Immunol. 2016 Dec;117(6):697-702.e1.
13. Int Forum Allergy Rhinol. 2013 Jul;3(7):543-9.
14. Int Immunopharmacol. 2017 Aug;49:102-108.
15. Eur J Clin Nutr. 2005 Sep;59(9):1071-80.
16. Curr Pharm Des. 2014;20(6):973-87.
17. Phytother Res. 2012 Mar;26(3):325-32.
18. J Nutr Biochem. 2016 Jan;27:112-22.
19. Acta Physiol Hung. 2012 Jun;99(2):173-84.
20. Int Forum Allergy Rhinol. 2017 Aug;7(8):763-769
21. Int J Mol Sci. 2011; 12(2): 905–916.
22. J Allergy Clin Immunol. 2005 Jun;115(6):1176-83.
23. Eur J Clin Nutr. 2005 Sep;59(9):1071-80.
24. Allergy Asthma Immunol Res. 2013 Mar; 5(2): 81–87
25. Am J Otolaryngol . Sep-Oct 2013;34(5):416-9.
26. JMIR Res Protoc. 2018 Nov 29;7(11):e11139.
27. N Am J Med Sci. 2013 Aug; 5(8): 465–468.
28. Molecules. 2016 May 12;21(5). pii: E623.
29. Clin Invest Med. 2016 Apr 2;39(2):E63-72.
30. Iran. J. Immunol. 2004; 1 (1): 71-75
31. Otolaryngol Head Neck Surg. 2011 Dec;145(6):904-9.
32. Ann Allergy Asthma Immunol. 2004 Jun;92(6):654-8.

第3章　過敏性蕁麻疹

1. Ann Dermatol. 2018 Apr; 30(2): 164–172
2. J Allergy Clin Immunol. 2010;126(2):413; author reply 413.
3. Ann Allergy Asthma Immunol. 2014;112(4):376-82.
4. World Allergy Organ J. 2015 Jun 4 ;8(1):15.
5. J Dermatolog Treat. 2016;27(2):163-6.
6. Biomed Res Int. 2015; 2015: 926167
7. https://newsnetwork.mayoclinic.org/discussion/home-remedies-having-chronic-hives/
8. Molecules. 2016 May 12;21(5). pii: E623.
9. Eur Ann Allergy Clin Immunol. 2016 Sep;48(5):182-7.

10. Arch Roum Pathol Exp Microbiol. 1990 Jan-Mar;49(1):31-5.
11. Inflammation. 2011 Oct; 34(5): 362–366.

第4章 性早熟

1. Clocks Sleep. 2019 Mar; 1(1): 140–150.
2. J Clin Endocrinol Metab . 1980 Nov;51(5):1150-7.
3. Ann Pediatr Endocrinol Metab. 2014 Jun; 19(2): 91–95.
4. Am J Clin Nutr. 2015 Sep; 102(3): 648–654.
5. Hum Reprod. 2015 Mar; 30(3): 675–683.
6. Int J Environ Res Public Health. 2017 Oct; 14(10): 1266.
7. Int J Endocrinol . 2018 Jan 16;2018:4528704.
8. J Pediatr Endocrinol Metab . 2009 Jan;22(1):69-77.
9. Dev Psychobiol. 2019 Jul;61(5):679-687.
10. Food Funct. 2017 Feb 22;8(2):695-700.
11. Gynecol Endocrinol. 2011 Aug;27(8):519-23.
12. Biology of Reproduction, Volume 47, Issue 6, 1 December 1992, Pages 998–1003.
13. Pharmacophore, 10(1) 2019, Pages: 30-36
14. J Clin Endocrinol Metab . 1999 Jun;84(6):1992-6.

第5章 氣喘

1. Pediatr Rep. 2016 Nov 17; 8(4): 6685.
2. J Am Coll Nutr. 2005 Dec;24(6):448-55.
3. Int J Food Sci Nutr . May-Jun 2006;57(3-4):204-11.
4. Respir Res . 2013 Feb 22;14(1):25.
5. J Immunol . 2015 Jul 15;195(2):437-44.
6. Food Chem Toxicol . 2017 Jan;99:162-169
7. Eur J Pharmacol . 2001 Nov 9;431(1):111-7
8. Clin Exp Allergy . 2008 Jan;38(1):103-12.
9. Biochem Biophys Res Commun . 2012 Oct 26;427(3):450-5.
10. Evid Based Complement Alternat Med. 2018 May 13;2018:1281420.
11. Avicenna J Phytomed. 2018 Sep-Oct; 8(5): 399–407.
12. https://doi.org/10.3389/fimmu.2018.02992.
13. Am J Physiol Lung Cell Mol Physiol. 2013 Sep 1; 305(5): L396–L403.
14. Am J Clin Nutr . 2016 Feb;103(2):444-53.
15. Br J Clin Pract. 1989 Oct;43(10):363-5.
16. Phytother Res . 2003 Aug;17(7):821-2.
17. Int J Environ Res Public Health. 2019 Jan; 16(1): 43.
18. Int Immunopharmacol . 2014 Feb;18(2):311-24.

19. Thorax . 2006 May;61(5):388-93
20. Can Fam Physician. 2009 Sep; 55(9): 887–889.
21. Free Radic Res . 2008 Jan;42(1):94-102.
22. Purinergic Signal . 2020 Sep;16(3):415-426.
23. Am J Physiol Lung Cell Mol Physiol. 2012 Oct 15;303(8):L642-60.
24. PLoS One . 2015 Feb 17;10(2):e0117545.
25. https://erj.ersjournals.com/content/38/Suppl_55/p1142
26. J Clin Immunol . 2012 Dec;32(6):1292-304.
27. Curr Ther Res Clin Exp. 2011 Dec; 72(6): 250–261.
28. J Physiol Pharmacol . 2010 Feb;61(1):67-72.
29. Nutrients. 2016 Feb 4;8(2):76.
30. J Ethnopharmacol . 2011 Jun 14;136(1):230-5.
31. Molecules . 2011 Sep 6;16(9):7634-48.
32. Am J Respir Cell Mol Biol. 2013 Feb; 48(2): 157–163.
33. Int J Immunopathol Pharmacol . Jul-Sep 2010;23(3):727-35.
34. Electron Physician. 2016 Sep; 8(9): 2833–2839.
35. Respir Med . 2017 Dec;133:29-35.
36. Nutrients. 2013 Jun; 5(6): 2128–2143.
37. Allergy Asthma Clin Immunol. 2018; 14: 19.
38. Mol Med Rep. 2018 Aug; 18(2): 2088–2096.
39. Food Funct. 2014 Sep;5(9):2106-12.
40. J Clin Diagn Res. 2014 Aug; 8(8): HC19–HC24.
41. Biofactors. 2005;25(1-4):235-40.
42. Int Immunopharmacol . 2010 Oct;10(10):1242-8.
43. Immunobiology . 2010 Jul;215(7):527-34
44. J Med Food . 2011 Oct;14(10):1144-51.
45. J Asthma . 2009 Sep;46(7):699-702.
46. J Allergy (Cairo). 2012; 2012: 509730.
47. J Appl Physiol (1985) . 1988 Apr;64(4):1354-8.
48. Eur J Med Res . 1998 Nov 17;3(11):511-4.
49. Tanaffos. 2016; 15(3): 168–174.
50. J Agric Food Chem . 2011 Jul 27;59(14):8028-35.
51. Przegl Lek . 1997;54(9):630-3.
52. J Allergy Clin Immunol . 2010 Mar;125(3):626-35.
53. Am J Respir Crit Care Med . 2009 Apr 15;179(8):657-65.
54. Journal of Pharmacy and Pharmacology, Volume 71, Issue 7, July 2019, Pages 1089–1099.

第6章 妥瑞氏症

1. Pediatrics June 2012, 129 (6) e1493-e1500
2. Med Clin (Barc). 2008 Nov 22;131(18):689-91.
3. https://trialsjournal.biomedcentral.com/articl

es/10.1186/1745-6215-10-16
4. Am J Psychiatry . 2006 Jul;163(7):1264-72.
5. J Neural Transm. 2012 May; 119(5): 621–626.
6. https://www.researchgate.net/publication/321624408_Serum_levels_of_25-hydroxyvitamin_D_in_children_with_tic_disorders
7. Am J Med Genet. 1990 Aug;36(4):418-30.
8. https://www.researchgate.net/publication/321762017_The_Effect_of_Fecal_Microbiota_Transplantation_on_a_Child_with_Tourette_Syndrome
9. Childs Nerv Syst. 2017 Aug;33(8):1373-1378.

第7章 多發性硬化症

1. Clin Nutr 2018 Feb37(1):321-328
2. Wien Klin Wochenschr 2018 May;130(9-10):307-313
3. PLoS One. 2013; 8(1): e54417
4. Ann Neurol. 2010 May;67(5):618-24
5. Glia. 2018 Jul;66(7):1302-1316
6. Arch Neurol. 1992;49(6):649-652
7. Iran J Basic Med Sci. 2017 Sep; 20(9):958–966
8. CNS Drugs. 2014 Apr;28(4):291-9
9. Arch Neurol. 1992 Sep;49(9):923-6
10. BM J Case Rep. 2013 Jul 16;2013:bcr2013009144
11. Nat Chem Biol . 2018 Jan;14(1):22-28.
12. Iran J Basic Med Sci. 2014 Jul; 17(7): 509–515
13. Inflammation . 2019 Aug;42(4):1203-1214
14. https://www.magiran.com/paper/1172826/?lang=en
15. Braz J Med Biol Res. 2007 Jul;40(7):1003-10
16. Mol Neurobiol. 2017 Jul;54(5):3219-3229
17. J Neuroimmunol. 2008 Dec 15;205(1-2):142-7
18. Mult Scler. 2018 Jan;24(1):58-63
19. FASEB Volume 24, Issue 1 Experimental Biology 2010 Meeting Abstracts April 2010 Pages 332.8-332.8
20. Clin Exp Immunol. 2000 Dec;122(3):445-52. doi: 10.1046/j.1365-2249.2000.01399.x.
21. Biochem Pharmacol. 2010 Jan 15;79(2):198-208. doi: 10.1016/j.bcp.2009.08.002. Epub 2009 Aug 11.
22. Journal of Neuroscience, 2006, 26 (38) 9794-9804
23. Neurochemistry International Volume 112, January 2018, Pages 1-4
24. Clin Drug Investig. 2019 Jul;39(7):607-624
25. Biol Trace Elem Res. Summer 2003;93(1-3):1-8
26. Curr Neuropharmacol. 2009 Mar;7(1):60-4
27. Med Hypotheses. 1986 Oct;21(2):193-200
28. https://mospace.umsystem.edu/xmlui/handle/10355/1565

29. Br J Pharmacol. 2013 Jul;169(6):1305-21.
30. http://www.jocms.org/index.php/jcms/article/view/453
31. Front Immunol. 2018 Jul 2;9:1518
32. J Neurosci Res. 2002 Nov 15;70(4):580-7. doi: 10.1002/jnr.10408.
33. https://onlinelibrary.wiley.com/doi/10.1111/j.1600-0404.1997.tb00060.x
34. Int J Neurosci. 2013 Jul;123(7):480-6
35. J Neurol. 1993 May;240(5):305-8
36. Nutr Neurosci . 2021 Jul;24(7):569-579
37. J Immunol November 1, 2004, 173 (9) 5794-5800
38. Biochim Biophys Acta Mol Cell Biol Lipids. 2018 Sep;1863(9):958-967
39. Mult Scler. 2006 Aug;12(4):487-94
40. Neurol Sci. 2018 Feb;39(2):207-214
41. Ther Adv Neurol Disord. 2019 Feb 18;12:1756286418819074.
42. PLoS One. 2015 Jan 8;10(1):e0116566.
43. Front Nutr. 2018; 5: 133.
44. Nutr Neurosci. 2002 Jun;5(3):215-20.
45. Journal of Herbal Medicine Volume 6, Issue 3, September 2016, p119-127
46. J Agric Food Chem. 2012 Jun 13;60(23):5743-8.
47. J Immunol. 2018 Feb 15;200(4):1316-1324.
48. BMC Neurol. 2016 May 23;16:77.
49. Mult Scler. 2019 Jun;25(7):987-993.
50. https://www.tandfonline.com/doi/abs/10.3109/08923970903440184?journalCode=iipi20
51. Mult Scler. 2016 Nov;22(13):1719-1731.

第8章 大腸激躁症

1. J Clin Gastroenterol. 2006;40(3):264-9.
2. Neurogastroenterol Motil. 2007 Mar;19(3):166-72
3. World J Gastroenterol. 2008 May 7;14(17):2650–61.
4. Eur Rev Med Pharmacol Sci. 2011 Jun;15(6):637-43.
5. Minerva Dietol Gastroenterol. 1990 Apr-Jun;36(2):77-81.
6. World J Gastrointest Pathophysiol. 2014 Nov 15; 5(4):496-513.
7. Eur J Clin Nutr. 2018 Oct;72(10):1358-1363.
8. Nutr Res. 2011 May;31(5):356-61.
9. Gut. 2019 Jun;68(6):996-1002.
10. Therap Adv Gastroenterol. 2009 Jul; 2(4): 221-238.
11. J Clin Med. 2018 Sep 22;7(10):298.
12. Middle East J Dig Dis. 2015 Jul;7:170-6.

13. World J Gastroenterol. 2014 Mar 14; 20(10): 2492-2498.
14. J Physiol Pharmacol. 2009 Oct;60 Suppl 3:67-70.
15. Vopr Pitan. 2007;76(3):35-9.
16. Front Pharmacol. 2018 Jun 15;9:631.
17. Medicine (Baltimore). 2017 Dec; 96(49): e9094.
18. Revista Brasileira de Farmacognosia, 2018, volume 28, pages 218–222
19. Biopsychosoc Med. 2015 Jan 23;9(1):4.
20. Int J Food Sci Nutr. 2017 Dec;68(8):973-986.

第9章 胃食道逆流疾病

1. Altern Ther Health Med. 2008 Jul-Aug; 14(4): 54-8
2. Children (Basel). 2014 Sep; 1(2): 119–133.
3. Eur.J. Gastroenterol. Hepatol. 2008 ; 20: 436–440.
4. Int.J. Clin. Pharmacol. Ther. 1999; 37: 341–346.
5. Clin Exp Gastroenterol. 2013; 6: 27–33.
6. Mol Med Report. 2010 Nov 1; 3(6): 895–901.
7. https://lipidworld.biomedcentral.com/articles/10.1186/s12944-016-0332-2
8. JAMA Pediatr. 2014; 168(3): 228-233.
9. Eur J Clin Invest . 2011 Apr; 41(4): 417-22.
10. Coll Antropol. 2012 Sep; 36(3): 867-72
11. Asian Pac J Cancer Prev. 2012; 13(12): 6011-6.
12. Eur J Pharmacol. 2008 Jul 28; 589(1-3): 233-8.
13. Free Radical Biology and Medicine, Volume 30, Issue 8, 15 April 2001, Pages 905-915
14. BMC Complement Altern Med. 2015; 15: 110.
15. PLoS One. 2017; 12(9): e0184928.
16. Curr Ther Res Clin Exp. 2017; 84:1–3.
17. Pharmacol Res. 2011 Sep; 64(3): 249-57.

第10章 口臭

1. Probiotics Antimicrob Proteins . 2019 Mar;11(1):150-157.
2. https://bmccomplementmedtherapies.biomedcentral.com/articles/10.1186/s12906-015-0557-z
3. Arch Oral Biol. 2020 Feb;110:104585.
4. J Clin Biochem Nutr. 2014 Nov; 55(3): 168-173.
5. Food chemistry , 2009, Vol.113(4), p.1037-1040
6. J Breath Res . 2012 Mar;6(1):016006.
7. Digestion. 2009;80(3):192-9.
8. https://www.technologynetworks.com/applied-sciences/news/pungent-tasting-substance-in-ginger-reduces-bad-breath-306985

9. Swiss Dent J. 2016;126(9):782-795.
10. https://pubmed.ncbi.nlm.nih.gov/21290983/

第11章 偏頭痛

1. Neurology. 1998; 50(2): 466-70.
2. J Headache Pain. 2009 Oct; 10(5): 361-5.
3. Can Fam Physician. 2014 Mar; 60(3): 244-6.
4. Cephalalgia. 2010 Dec; 30(12): 1426-34.
5. Neurology. 2005; 64(4): 713-5.
6. Cephalalgia. 2015 Sep; 35(10): 912-22.
7. Cephalalgia. 1996 Jun;16(4):257-63.
8. Neurol NeurosurgPsychiatry. 2016 Oct;87(10):1127-32.
9. Ann Neurol. 2015 Dec; 78(6): 970-81.
10. Iran J Nurs Midwifery Res. 2015 May-Jun; 20(3): 334–339
11. Neurological Sciences 30 Suppl 1(S1): S121-4 • May 2009
12. Biomed Res Int. 2017; 2017: 4754701.
13. Headache. 2007 Oct; 47(9): 1342-4.
14. Pharmacogenet Genomics . 2012 Oct;22(10):741-9.
15. Drugs. 2010 Oct 1; 0(14): 1799-818.
16. Headache. 2006 May; 46(5): 788-93.
17. Cephalalgia. 2006 Oct 26(10): 1225-33.
18. Pain Physician. 2017 Feb; 20(2): E251-E255.
19. Nutr J. 2005; 4: 3. doi: 10.1186/1475-2891-4-3
20. Cephalalgia. 1997 Apr;17(2): 127-30; discussion 102
21. CNS Neurol Disord Drug Targets. 2015; 14(3): 345-9.
22. J Neurosurg Sci. Jul-Sep 1985; 29(3): 239-48.
23. Wien Klin Wochenschr. 2016 Dec; 128(Suppl 8): 576-580
24. Int J Neurosci. 2018 Apr; 128(4): 318-324.
25. Med Hypotheses. 2000 Sep; 55(3): 195-8.
26. Phytother Res. 2014 Mar; 28(3): 412-5.
27. J Pak Med Assoc. 2015 Jul; 65(7): 694-7.

兒科好醫師 2 打造孩子的一生無病計畫

胡文龍醫師陪你面對孩子的疑難病症，輕鬆健康重建好體質 !!

作　　者：胡文龍
美術設計：洪祥閔
插　　畫：蔡靜玫
社　　長：洪美華
責任編輯：何　喬
出　　版：幸福綠光股份有限公司
地　　址：台北市杭州南路一段 63 號 9 樓
電　　話：(02)23925338
傳　　真：(02)23925380
網　　址：www.thirdnature.com.tw
E-mail：reader@thirdnature.com.tw
印　　製：中原造像股份有限公司
初　　版：2022 年 1 月
郵撥帳號：50130123 幸福綠光股份有限公司
定　　價：新台幣 350 元（平裝）

國家圖書館出版品預行編目資料

兒科好醫師 2 打造孩子的一生無病計畫／胡文龍著 -- 初版 . -- 臺北市 : 幸福綠光 , 2022.01
面；　公分

ISBN 978-626-95078-7-0 (平裝)

1 育兒 2. 幼兒健康 3. 親職教育

428　　110020855

本書如有缺頁、破損、倒裝，請寄回更換。
ISBN 978-626-95078-7-0

總經銷：聯合發行股份有限公司
新北市新店區寶橋路 235 巷 6 弄 6 號 2 樓
電話：(02)29178022 傳真：(02)29156275